营造林工程监理职业技能培训系列教材

营造林工程监理

营造林工程监理职业技能培训系列教材编写组　编

熊　炼　主编

中国林业出版社

图书在版编目(CIP)数据

营造林工程监理/营造林工程监理职业技能培训系列教材编写组编;熊炼主编. -北京:中国林业出版社,2016.8

营造林工程监理职业技能培训系列教材

ISBN 978-7-5038-8660-7

Ⅰ.①营… Ⅱ.①营…②熊… Ⅲ.①营林—监理工作—技术培训—教材②造林—监理工作—技术培训—教材 Ⅳ.①S72

中国版本图书馆 CIP 数据核字(2016)第 196596 号

中国林业出版社·教育出版分社

策划编辑:牛玉莲　　　　　　　责任编辑:丰 帆
电　　话:(010)83143558　　　传　　真:(010)83143516

出版发行　中国林业出版社(100009　北京市西城区德内大街刘海胡同 7 号)
　　　　　E-mail: jiaocaipublic@163.com　电话:(010)83143500
　　　　　网　址:http://lycb.forestry.gov.cn
经　　销　新华书店
印　　刷　北京市昌平百善印刷厂
版　　次　2016 年 8 月第 1 版
印　　次　2016 年 8 月第 1 次印刷
开　　本　787mm×1092mm　1/16
印　　张　12.25
字　　数　295 千字
定　　价　33.00 元

未经许可,不得以任何方式复制或抄袭本书之部分或全部内容。

版权所有　侵权必究

营造林工程监理职业技能培训系列教材编写指导委员会

主　任　赵良平

副主任　刘国强　文世峰

委　员　王恩苓　吴秀平　关　震　刘鹏奋

本书编写人员

主　编　熊　炼

参　编　（按姓氏笔画排序）

　　　　刘俊英　蒋爱军

序

进入 21 世纪后，我国加大了林业生态工程建设投资，为严格规范营造林工程质量管理，国家林业局在林业生态工程建设中引入工程监理机制。为了探索具有林业特色的营造林工程监理模式，我们借鉴国内其他行业工程监理的基本理论，结合营造林工程建设的特点，经过十余年的实践和总结，制定出了一套具有我国林业生态建设特色的监理程序和方法，在部分省区进行示范推广，取得了预期的效果，受到了林业工程建设单位的好评。

为了确保营造林工程质量，国家林业局要求营造林工程监理人员具备一定监理理论基础知识和实际操作能力。我们受国家林业局造林绿化管理司的委托，由国家林业局职业技能鉴定指导中心组织有关专家，编写了《营造林工程监理职业技能培训系列教材》全套共 3 册。系列教材全面、系统地阐述了营造林工程监理专业知识和操作技术，完善了教材的理论与实践知识体系，同时增加了简明易懂的案例分析，便于从业人员在工作中学习和应用。

组织出版这套系列教材的目的是为了满足营造林工程监理从业人员对营造林工程监理专业知识的需要，完善林业行业特有工种职业技能培训工作。因此，它不仅是营造林工程监理从业人员培训教材，也是林业行业特有工种职业技能培训的参考书。

本套系列教材的编写工作得到了国家林业局调查规划设计院、国家林业局西北林业调查规划设计院、国家林业局人才开发交流中心、北京林业大学、山西林业职业技术学院、四川省林业科学研究院、北京中林华联建设工程监理有限公司上海分公司等有关单位的大力支持。在此向每一位参与教材编写审阅与修订工作的专家致以诚挚的感谢！

《营造林工程监理职业技能培训系列教材》编委会
2016 年 3 月

前 言

本套系列教材依据2004年颁布的《营造林工程监理》国家职业标准，在原《营造林监理员培训讲义》的基础上，借鉴国内其他行业工程监理的基础理论，总结近几年来各地营造林工程监理实践编写而成。教材本着易懂、易操作的原则，以期营造林监理人员通过学习掌握营造林工程监理基础知识，增强营造林监理人员的理论知识和实际操作能力。

《营造林工程监理职业技能培训系列教材》全套共3册，分别为：《营造林基础知识》《营造林工程监理》和《营造林工程监理案例分析与监理实践》。

《营造林基础知识》由北京林业大学贾忠奎编写。

《营造林工程监理》分为两部分：第一部分是营造林工程监理，其中第一章由国家林业局调查规划设计院蒋爱军编写，第二至第四章由山西林业职业技术学院刘俊英编写，第二部分是营造林工程监理实务，由国家林业局调查规划设计院熊炼编写。

《营造林工程监理案例分析和监理实践》分为两部分：第一部分是营造林工程监理案例分析，由国家林业局调查规划设计院熊炼编写；第二部分是营造林工程监理实践，分别由国家林业局西北林业调查规划设计院金万洲、饶日光，四川省林业科学研究院孙鹏，北京中林华联建设工程监理有限公司上海分公司陶汉周编写。

参加编写的人员还有国家林业局造林司、人才中心等单位同志。

在此，谨向参加本套系列教材编写工作的同志致以诚挚的谢意。

在教材编写过程中，虽经反复推敲核证，限于编者水平及经验，仍难免有不妥甚至错误之处，诚望广大读者提出宝贵意见。

《营造林工程监理职业技能培训系列教材》编写组
2016年3月

目　录

序
前　言

第一部分　营造林工程监理 ………………………………………………………………（1）

第一章　营造林工程监理概论 ………………………………………………………………（3）
　第一节　营造林工程监理概述 ………………………………………………………………（3）
　第二节　营造林工程监理实施程序 …………………………………………………………（9）
　第三节　营造林监理工程师和监理员 ………………………………………………………（13）

第二章　营造林工程质量、进度、投资控制 ………………………………………………（16）
　第一节　营造林工程质量控制 ………………………………………………………………（16）
　第二节　营造林工程进度控制 ………………………………………………………………（31）
　第三节　营造林工程投资控制 ………………………………………………………………（40）

第三章　营造林工程监理的合同与信息管理 ………………………………………………（51）
　第一节　建设工程合同管理的任务 …………………………………………………………（51）
　第二节　建设工程合同管理的基本方法 ……………………………………………………（52）
　第三节　施工准备阶段的合同管理 …………………………………………………………（53）
　第四节　施工阶段的合同管理 ………………………………………………………………（56）
　第五节　营造林工程监理合同管理 …………………………………………………………（66）
　第六节　营造林工程监理信息管理 …………………………………………………………（66）

第四章　营造林工程监理规划 ………………………………………………………………（68）
　第一节　监理规划概述 ………………………………………………………………………（68）
　第二节　监理规划的内容 ……………………………………………………………………（70）

第二部分　营造林工程监理实务 …………………………………………………………（85）

第五章　营造林工程的特点 …………………………………………………………（87）

第六章　营造林工程施工监理 ………………………………………………………（89）
　第一节　项目管理层次划分 …………………………………………………………（89）
　第二节　施工准备阶段监理 …………………………………………………………（91）
　第三节　施工阶段监理 ………………………………………………………………（98）
　第四节　灌溉设施和照明电路设施安装施工报验 …………………………………（105）
　第五节　工期延期处理 ………………………………………………………………（106）
　第六节　《监理通知》与《工程暂停令》的应用 ………………………………………（107）
　第七节　控制工程变更 ………………………………………………………………（111）
　第八节　工程质量问题和质量事故的处理 …………………………………………（115）
　第九节　施工阶段竣工验收 …………………………………………………………（118）
　第十节　索赔处理 ……………………………………………………………………（130）
　第十一节　签发支付证书 ……………………………………………………………（132）

第七章　管护阶段（缺陷保修期）的监理 …………………………………………（138）

第八章　项目总验收及监理资料整理 ………………………………………………（142）

主要参考文献 …………………………………………………………………………（146）

附表 A　项目监理单位用表 ……………………………………………………………（147）
附表 B　承包单位用表 …………………………………………………………………（156）
附表 C　通用表格 ………………………………………………………………………（182）

第一部分 营造林工程监理

第一章
营造林工程监理概论

第一节 营造林工程监理概述

一、营造林工程监理产生的背景及发展现状

(一)建设工程监理产生的背景

我国建设工程监理制度伴随着改革开放全面推进和社会主义市场经济蓬勃发展而产生、发展。20世纪80年代以前,我国建设工程基本采用建设单位自行管理或筹建工程建设指挥部的形式进行管理,上述建设工程管理形式都是临时性的,导致建设工程管理中的知识、经验等难以有效积累和承袭升华,并用来指导今后的工程建设,而教训却不断重复发生,使得我国工程建设管理水平长期得不到有效提升。

随着20世纪80年代改革开放号角的全面吹响,我国在基本建设领域采取了诸如投资有偿使用、投资主体多元化、工程招标投标制等系列改革措施,传统建设工程管理形式难以适应新的要求。另外,通过对我国建设工程管理实践的全面总结和反思,结合国外工程管理制度与管理方法,我国逐步认识到建设单位的工程项目管理是一项需要大批专门机构和人才的专门学问,需要走专业化、社会化道路,需要引入工程监理制度。

在上述背景下,建设部于1988年发布了《关于开展建设工程监理工作的通知》,正式开始了建设工程监理制,并在5年后逐步推开。1997年《中华人民共和国建筑法》以法律形式规定国家推行建设工程监理制度。从此,建设工程监理制在全国范围内进入全面推行阶段。

(二)营造林工程监理产生的背景

我国营造林工程监理起步于20世纪90年代后期,远远落后于我国建设工程监理的总体发展阶段。

长期以来,我国营造林工程大多采用政府投资、委托各级林业主管部门组织当地农民实施的方式执行,组织管理方式落后,项目建设的好坏也很难与建设单位、承包单位或人员的利益挂钩。我国营造林工程普遍投资不足,一直以单位面积低投资支撑大面积的生态工程建设任务,无法严格按工程建设程序执行。另外,营造林工程不像房屋建筑、公路、铁路等工程建设项目一样直接关系人民的生命和财产安全,而且其发展周期长,工程投资效益短期内难以体现,因而没有足够的动力和压力加强工程项目管理。上述因素,一定程度上影响了我国营造林工作的总体发展,也使得我国营造林工程管理在较长时间内处于低下水平。

20世纪80年代后期，特别是2000年前后随着我国天然林资源保护、退耕还林、三北防护林体系建设等六大林业重点生态建设工程的相继启动，为加强营造林质量管理，我国实行了造林核查制度，对我国营造林工作起到了积极的促进作用，但这种制度是一种事后监督的管理模式，缺乏营造林全过程的监管，仍有其局限性。

20世纪90年代后期，在全面总结我国营造林工程建设成败关键和营造林工程管理经验教训后，国务院林业主管部门认识到必须改变长期以来落后的营造林管理方式，提出营造林工程项目要按照全面借鉴建筑行业管理经验，实行营造林工程"四制"管理：即项目法人责任制、招标投标制、工程监理制、合同管理制，特别是在营造林质量管理方面提出要利用公正、独立的第三方机构，实行全过程的监督管理。从此，营造林工程监理制度开始在全国及部分省区进行了试点和推广，并出台了一些营造林工程监理方面的制度、办法，具有代表性的有：国家林业局于2002年发布的《林业生态建设工程监理实施办法》（LY/T 5301—2002）、国家林业局办公室于2003年印发的《退耕还林工程监理规定（试行）》（办退字〔2003〕34号）、四川省于2008年发布的地方标准《林业工程监理规范》（DB51/T 768—2008）等。

（三）营造林工程监理发展现状及特点

目前，我国营造林工程监理工作仍处于发展的初级阶段，主要表现在：一是《中华人民共和国森林法》及其实施条例等法律法规没有关于在我国实施营造林工程监理制度的相关规定，营造林工程监理目前缺乏相关法律法规的支撑；二是营造林工程监理还没有建立起自身独立的监理制度体系和法规体系。总体来说，仍是参照建设工程监理的相关制度、规定执行。

现阶段我国营造林工程监理具有如下特点：

（1）服务对象具有单一性。营造林工程监理是为建设单位服务的项目管理，营造林工程监理单位一般只接受建设单位委托为其提供管理服务，而不接受承包单位的委托并为其提供管理服务。

（2）具有监督功能。营造林工程监理单位虽与承包单位无任何经济关系，但根据建设单位授权，有权对其不当行为进行监督。不仅如此，在工程监理中还强调对承包单位施工过程和施工工序的监督、检查和验收，而且在实践中又进一步提出了旁站监理的规定。这些都体现了营造林工程监理的监督功能，能有效保证工程质量。

（3）营造林工程监理的市场准入一般采取企业资质和人员资质的双重控制机制。

（4）营造林工程监理目前仍属于林业主管部门推荐执行的制度，而不属于国家强制推行的制度。这是因为，一方面是目前营造林工程监理制度缺乏相关法律法规方面的依据；另一方面是目前我国的营造林工程，特别是天然林资源保护、退耕还林、三北防护林体系建设等国家重点生态建设工程投资标准都是补助性质，没有全额预算工程投资费用，也没有将工程监理费列入投资预算，不具备实行强制性监理的条件。

二、营造林工程监理的概念及理论基础

（一）概　念

营造林工程监理是指营造林工程监理单位受建设单位委托，根据营造林相关法律法规、工程建设标准规范、作业设计文件及合同，在施工阶段对营造林质量、造价、进度进

行控制，对相关合同、信息进行管理，对营造林工程建设相关方的关系进行协调，并在营造林实施过程中履行安全生产管理监督职责的服务活动。

从上述定义看，营造林工程监理的行为主体是工程监理企业（单位）；实施营造林工程监理的前提是监理单位接受建设单位委托，并与建设单位签订书面的工程监理合同；实施营造林工程监理的主要依据包括营造林相关法律法规规章和工程建设标准规范、营造林作业设计文件、工程监理合同及其他合同文件等。

另外，上述定义强调营造林工程监理主要在施工阶段，对于工程监理单位受建设单位委托，按照工程监理合同约定，在营造林作业设计、营造林后期管护等阶段提供的服务活动，则称为工程监理相关服务。

（二）理论基础

营造林工程监理属于工程监理范畴，而我国的工程监理是指专业化、社会化的建设单位项目管理，所依据的基本理论和方法来自于项目管理学，所以营造林工程监理的理论基础也就是工程项目管理学。

工程项目管理学是以组织论、控制论和管理学为理论基础，结合工程项目和市场特点而形成的一门新兴学科。它研究的范围包括管理思想、管理体制、管理组织、管理方法和管理手段等；研究的对象是工程项目管理总目标的有效控制，包括质量目标、投资目标和进度目标的控制。

三、营造林工程监理的性质和作用

（一）性　质

1. 服务性

营造林工程监理实践中，工程监理企业既不直接进行工程设计，也不直接进行营造林施工，主要是监理人员利用自己的知识、技能、经验、信息及必要的检测手段，为建设单位营造林工程提供项目管理和技术服务。

2. 科学性

目前，随着国家对生态环境的日益重视以及社会公众生态需求的日益增加，营造林工程规模越来越大，功能、标准要求等越来越高，营造林新技术、新材料、新设备等也不断涌现，市场竞争日益激烈，风险也日渐增加，因此，营造林工程监理单位必须具备科学的思想、理论、方法和手段，才能更好地驾驭、监督好工程建设，也才能在激烈的市场竞争中争得一席之地。

科学性主要体现在：工程监理企业应当由组织管理能力强、工程建设经验丰富的人员担任领导；应当有足够数量、管理经验丰富、应变能力强的监理工程师组成的骨干队伍；要有健全的管理制度和现代化的管理手段；要掌握先进的管理理论、方法和手段；要有足够的技术、经济资料和数据积累；要有科学的工作态度和严谨的工作作风，要实事求是、创造性地开展监理及相关工作。

3. 独立性

营造林工程监理单位不应受各种外界因素干扰，应当按照"公正、独立、自主"的原则，严格依据营造林有关法律、法规、规章，营造林工程建设标准规范，以及委托监理合同和有关的其他工程合同等的规定实施监理；在委托监理的工程中，监理单位与承包单位不得有隶属关系和其他利害关系；监理过程中，监理单位必须建立项目监理单位，按照项目监理单位自身确定的工作计划、程序、流程、方法、手段，根据自己的判断，独立开展监理工作。

4. 公正性

公正性是社会公认、也是监理行业必须具备的基本职业道德准则。在营造林工程监理过程中，监理单位应当排除各种干扰，以事实为依据、以法律和有关合同为准绳，客观、公正地对待营造林工程建设单位和承包单位，特别是在处理双方的利益冲突和矛盾时，决不能偏袒某方。

（二）作　用

(1) 有利于提高营造林工程管理水平。通过工程监理企业专业化的服务工作，通过监理工作中营造林工程管理知识、经验的积累和升华，可以促进营造林工作规范化、制度化发展，促进建设单位工程管理水平的提高，进而促进我国营造林工程管理总体水平的提高。

(2) 有利于规范工程建设参与各方的建设行为。通过营造林工程监理，工程监理企业可依据相关法律法规、标准规范以及合同对营造林承包单位进行监督管理，也可向建设单位提出适当建议，避免建设单位的不当建设行为。当然，工程监理企业也要严格规范自身行为，并自觉接受政府监督管理。

(3) 有利于促使承包单位安全、保质、保量地完成营造林建设任务。通过建设工程监理企业专业化服务工作，可以及时发现营造林实施过程中出现的问题，督促承包单位整改，对保障承包单位安全、保质、保量完成营造林建设任务具有重要作用。

(4) 有利于实现营造林工程投资效益最大化。通过工程监理企业在项目质量、进度和投资等方面进行有效控制，并实施合同管理、信息管理等管理行为，可有效保障营造林建设项目最大限度地发挥其经济、生态和社会效益。

另外，建设单位基于专业、时间和精力等方面的限制，客观上也需要专业化的工程监理企业帮助其实施营造林项目管理。

四、营造林工程监理的依据和目标

（一）目　标

营造林工程监理的目标，就是通过项目监理单位规范化的监理工作，确保营造林工程项目按照合同规定的质量、投资、进度目标及计划完成，确保按期发挥工程投资效益。具体可用工程项目的质量、投资和进度三大控制目标来衡量。

（二）依　据

项目监理单位开展营造林工程监理工作的主要依据如下：

(1) 营造林相关法律法规、规章和政策文件等。

(2) 营造林相关技术标准、规程、规范和办法等。

(3) 经审查批准的营造林作业设计文件。

(4) 监理合同及其他相关合同。

另外，在营造林工程监理实践中，建设单位发出的与监理工作有关的书面指示和意见，一般也是营造林工程监理依据之一。

五、营造林工程监理的主要工作内容

根据营造林工程监理定义,营造林工程监理的主要工作内容可以概括为"三控""两管""一协调",并履行安全生产管理的监督职责。

1. 三 控

"三控"是指通过采用组织、技术、经济和合同措施开展工程质量控制、投资控制和进度控制。质量控制是指通过有效的质量控制工作和具体的质量控制措施,在满足投资和进度要求的前提下,实现工程预定的质量目标。投资控制是指通过有效的投资控制工作和具体的投资控制措施,在满足质量和进度要求的前提下,力求使工程实际投资不超过计划投资。进度控制是指通过有效的进度控制工作和具体的进度控制措施,在满足质量和投资要求的前提下,力求使工程实际工期不超过计划工期。

2. 两 管

"两管"是指合同管理和信息管理。合同管理是指项目监理单位根据监理合同要求,对工程施工合同的签订、履行、变更和解除进行监督和检查,对合同双方争议进行调处,以保证合同的依法签订和全面履行。信息管理是指项目监理单位对工程监理过程中所形成或获取的各种文字、图表图片、声像等信息资料进行收集、整理、分析、处理、存储、传递、应用和归档的过程。

3. 一协调

"一协调"是指项目监理单位对所监理的工程项目相关各方关系进行协调,使工程建设相关各方沟通顺畅、通力协作,共同确保工程建设的顺利完成。

4. 履行安全生产管理的监督职责

除上述监理工作外,项目监理单位在营造林工程实施过程中还应根据相关法律法规、工程建设强制性标准的要求,通过审查承包单位现场安全施工规章制度的建立和实施情况,审查承包单位项目经理、专职安全生产管理人员和特种作业人员的资格,以及核查施工机械和工具的安全许可验收手续等方法和手段,履行营造林工程安全生产管理的监督职责。另外,营造林工程监理中还要监督承包单位文明施工、环保施工,避免对营造林工程场地周边林地、林木等生态环境的破坏,特别是在森林防火季节施工时,要督促承包单位制订并实施森林防火制度,杜绝一切野外用火。项目监理单位应将上述安全生产管理的监理工作内容、方法和措施纳入监理规划及监理实施细则。

六、营造林工程监理的主要方法

营造林工程监理的主要方法是一个由若干相互关联的子系统组成的方法体系,主要包括目标规划、目标动态控制、组织协调、信息管理、合同管理和安全监理等方法。

(一)目标规划

目标规划是以实现目标控制为主要目的的规划和计划,是围绕工程质量、投资、进度目标和安全目标进行研究确定、分解综合、安排计划、风险管理、制订措施等各项工作的集合。

目标规划是目标控制的前提和基础,只有做好目标规划的各项工作才能有效地实施目标控制。目标规划和计划越明确、越具体、越全面,目标控制的效果就越好。

(二)目标动态控制

目标动态控制是营造林工程监理的基本方法,是指在工程实施过程中,通过对过程、目标和活动的跟踪,收集工程实际数据和状况,全面、及时、准确地掌握工程信息,将实际目标值与计划目标值进行对比分析,如果偏离了计划和标准,则制订纠偏措施实施纠偏,以确保计划总目标的实现。上述过程不断循环,直至工程完工。

上述目标动态控制的流程如图1-1。

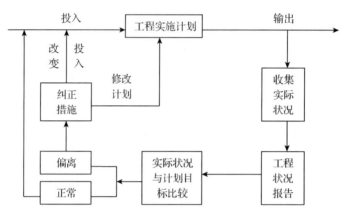

图1-1 目标动态控制流程图

目标控制分主动控制和被动控制。主动控制是指在预先分析各种风险因素及其导致目标偏离的可能性和程度的基础上,拟订和采取有针对性的预防措施,从而减少乃至避免目标偏离。被动控制是指从计划的实际输出中发现偏差,通过对产生偏差原因的分析,研究制定纠偏措施,以使偏差得以纠正、工程实施恢复到原来的计划状态,或虽然不能恢复到计划状态但可以减少偏差的严重程度。营造林工程监理实践中,要将主动控制与被动控制有机紧密地结合起来。

目标控制的措施包括组织措施、技术措施、经济措施和合同措施4个方面。

在目标控制过程中,要树立系统控制的思想,努力协调好质量、投资和进度三大目标控制的关系,做到三大目标控制的有机配合和相互平衡,实现三大目标控制的统一。要进行全过程控制,将目标控制工作贯穿于工程实施的全过程,例如营造林工程目标控制不光在施工阶段要严格进行目标控制,作业设计以及后期管护等阶段也要有目标控制的理念。要进行全方位控制,对涉及的所有子工程、所有工作内容以及影响目标控制的各种因素等都要进行控制,例如人工造林工程目标控制中,要从整地、苗木调运进场、植苗、浇水、补植管护等方面进行全方位的目标控制,也要从施工人员组织、施工设备甚至天气等方面实施目标控制。

(三)组织协调

协调就是联结、联合、调和所有的活动和力量,使各方配合得当,其目的是促使各方协同一致,以顺利实现预定目标。组织协调的工作方法贯穿于项目监理工作的全过程。

项目监理单位的组织协调工作包括项目监理单位内部的协调和项目监理单位与外部环境组织之间的协调。项目监理单位内部的协调包括项目监理单位内部人际关系、组织关系和需求关系的协调;项目监理单位与外部环境组织之间的协调包括与建设单位、承包单位、材料供应单位、设计单位、政府部门及其他单位之间的协调。

为了搞好组织协调工作，需要对经常性事项的协调程序化，事先确定协调内容、方式和具体的协调流程。协调过程中，根据不同情况，可以综合采用会议协调法、交谈协调法、书面协调法、访问协调法、情况介绍等方法进行协调。

(四)信息管理

监理工作中的信息管理是指在监理实施过程中，监理人员对所需要的信息进行收集、整理、处理、存储、传递和应用等系列工作的总称。监理实施过程中，信息管理是一项重要的工作内容和工作方法，因为信息是实施目标控制的基础，也是监理工程师协调工程项目各参与方的重要媒介，更是监理决策的依据。如果信息不灵或信息管理工作跟不上，监理人员就难以开展目标跟踪和控制工作，从而影响工程项目总目标的实现。

监理工作中的信息管理要特别注意以下几个方面的问题：一是要及时收集和分析各种信息；二是要建立并做好信息反馈；三是要加强信息传递的时效性；四是要保持信息管理的连贯性；五是要保证信息反馈的真实可靠。

(五)合同管理

监理过程中的合同管理方法是指根据监理合同要求，对工程施工合同及其他相关合同的签订、履行、变更和解除进行监督和检查，对合同双方争议进行调处，以保证合同的依法签订和全面履行。营造林工程监理实施过程中，总监理工程师要组织监理人员熟悉并深刻领会施工合同及其他相关合同的条款，并根据合同条款细化监理工程师岗位职责，特别要注意做好违约、变更等合同事件的处理和管理工作，更好地利用合同管理方法服务于监理工作。

(六)安全监理

安全监理方法，就是项目监理单位依据法律法规和相关工程建设强制性标准及监理合同实施监理，对所监理工程的安全生产管理履行监督职责。营造林工程监理中，安全监理主要是通过审查承包单位相关安全生产制度建立和落实情况、核查施工机械和工具的安全许可验收手续等方法和手段，督促承包单位安全施工。另外，还要督促承包单位文明施工、环保施工，避免对营造林工程施工场地周边林地、林木等生态环境的破坏，特别是在森林防火季节施工时，要督促施工切实做好施工场地及周边的森林防火工作。

第二节 营造林工程监理实施程序

监理单位开展营造林工程监理工作，一般按以下程序实施：

一、营造林工程监理项目的承接

监理单位开展营造林工程监理工作，首先必须通过一定的方式承揽监理项目。目前，营造林工程监理单位承接具体监理项目一般通过两种方式，一是通过投标竞争方式；二是建设单位直接委托方式。其中投标竞争方式又分为公开招标和邀请招标。营造林工程监理实践中，建设单位一般通过邀请招标方式确定项目监理单位。

(一)营造林工程监理投标工作步骤

通过投标竞争方式承揽监理项目，监理单位的投标工作一般按以下程序执行：初选总监理工程师→成立投标工作小组→开展相关调研，分析自身和竞争对手能力水平和经营状况，做出投标决策→投标报名，获取招标文件→领会招标文件，编制监理大纲和投标文件→递交投标文件，参加开标仪式→建设单位组织评标，确定中标监理单位。

（二）营造林工程监理投标书

营造林工程监理投标书通常由商务标和技术标组成。

1. 商务标

商务标是证明投标人履行了合法手续及为招标人了解投标人商业资信、合法性的文件。内容包括：

（1）法定代表人身份证明。

（2）法定代表人授权委托书（正本为原件）。

（3）投标函。

（4）投标函附录。

（5）投标保证金交存凭证复印件。

（6）对招标文件及合同条款的承诺及补充意见。

（7）投标报价说明。

（8）报价表。

（9）企业营业执照、资质证书等。

2. 技术标

技术标是标书的核心部分。在营造林工程监理招标中，建设单位主要侧重于对投标人能力的选择，而报价在选择中居于次要地位，因此，在编制技术标时要着重把监理单位自身的技术实力和经验展现出来。营造林工程监理的技术标主要包括以下内容：

（1）监理大纲。

（2）现场监理机构人员资质（包括监理工程师、人员专业配置、人员职称和年龄结构、注册监理工程师所占比例、监理站点人员配备等）。

（3）企业信誉。

（4）监理业绩（主要指近三年内的监理业绩，最好有与所投标项目类似的代表性监理项目）。

（三）监理大纲

监理大纲又称为监理工作方案，是营造林工程监理投标文件中技术标的重要组成部分。监理大纲由监理单位在招投标阶段根据项目特点编制的方案性、规划性文件，在中标签订监理合同后，监理大纲随同投标文件成为监理合同的组成部分，而且具有法律效力。监理单位编制监理大纲有两个作用：一是使建设单位认可监理大纲中的监理方案，从而承揽监理业务；二是为项目监理单位今后开展工作制订基本的方案。监理大纲一般由监理单位经营部门和技术部门有关人员负责编制，内容主要包括以下几个方面：

（1）编写依据及原则。监理大纲编制以招标文件、建设单位的正当要求以及国家、地方政府及林业主管部门的有关政策法规等为依据，以提出重点、能体现总体监理方案概貌、使招标单位对投标单位在本项目监理上的总体安排有基本了解、具有指导监理规划编制的基本内容和深度为原则。

（2）项目概况。包括项目名称、建设地点、主要技术特点等。

(3)项目目标。包括质量目标、工期目标、投资目标以及目标分解情况等。

(4)监理阶段和范围。与招标文件对应,确定监理属于作业设计阶段还是施工阶段及其范围。

(5)监理组织机构及人员构成。包括监理机构组织形式、监理组织机构图和拟派监理人员姓名、性别、年龄、职称、职务、资格证书等情况。特别要重点介绍拟派的总监理工程师情况。

(6)监理工作内容。包括质量控制、进度控制、投资控制、材料控制的主要工作内容、重点控制内容或方案以及组织协调、合同和信息管理、安全监理等。

(7)监理工作制度。包括作业设计审查、技术交底、开工报告审批、材料检验、隐蔽工程检查、工程质量检验、工程质量事故处理、施工进度监督及报告、投资监督、工程竣工验收、监理日志和会议等制度的基本构想。

(8)主要监理措施。包括质量控制、进度控制和资金控制的主要措施。

(9)主要监理工作流程。以监理工作流程图的形式分别反应质量控制、进度控制、资金控制、合同管理以及协调工作的总体流程。

(10)提供建设单位的主要文件及报告。一般包括质量月报、进度月报、费用月报、安全月报、合同月报、项目监理大纲、年度工作总结、工程竣工总结以及其他需提交的文件。营造林工程监理实践中,特别要注意及时向建设单位提交监理周报、监理简讯、各阶段的验收方法及成果等,以满足建设单位随时掌握工程质量、进度和资金使用情况等方面的需要。

二、确定项目总监理工程师,组建项目监理单位

(一)概　述

总监理工程师是由监理单位法定代表人书面任命,负责履行具体工程项目监理合同、主持项目监理单位工作的注册监理工程师。

项目监理单位是监理单位派驻所监理的具体工程项目,负责履行工程监理合同的组织机构。

营造林工程监理单位在承接到具体监理项目,并与建设单位签订监理合同后,要及时确定总监理工程师(一般仍由投标文件中确定的总监理工程师担任),及时组建拟派驻该监理项目的项目监理单位,并及时将项目监理单位的组织形式、人员构成及对总监理工程师的任命书面通知建设单位。

(二)建立项目监理单位的步骤

监理单位组建营造林工程项目监理单位,一般按下列步骤进行:

(1)根据委托监理合同中确定的监理目标,制订总目标并明确划分监理机构的分解目标。

(2)根据监理目标和委托监理合同中规定的监理任务,确定监理工作内容,并进行分类归并及组合。监理工作的归并及组合应便于监理目标控制,并综合考虑所监理工程项目的组织管理形式、工程特点、合同工期要求、项目复杂程度、工程管理及技术特点等,还应考虑监理单位自身组织管理水平、监理人员数量和技术业务特点等。

(3)按照有利于合同管理、监理目标控制、决策指挥和信息沟通的原则,合理设计项

目监理单位的组织结构,包括选择组织结构形式、确定管理层次和管理跨度,划分项目监理单位部门,制定岗位职责和考核标准,安排监理人员等。

项目监理单位的组织形式和规模,可根据监理合同约定的服务内容、服务期限,以及工程特点、规模、技术复杂程度、环境等因素确定。项目监理单位的组织形式分直线制、职能制、直线职能制、矩阵制,营造林工程监理实践中一般采用直线制监理机构组织形式。

(4)按照监理工作客观规律,合理制订监理工作流程和信息流程,以便规范化、科学化、有序化地开展监理工作。

三、编制项目监理规划和监理实施细则

项目监理规划是用来指导项目监理单位全面开展监理工作的指导性文件,是在总监理工程师主持下,依据监理合同,在监理大纲的基础上,结合工程具体情况,广泛收集工程信息和资料的情况下制订的。监理规划须经监理单位技术负责人批准。

监理实施细则简称监理细则,是指导所监理项目某专业或某子项目具体监理业务开展的操作性文件。监理细则是在监理规划的基础上,由项目监理单位的专业监理工程师针对工程某一专业或某一子项目的监理工作编写,并经总监理工程师批准。

监理单位确定好所监理项目的总监理工程师、组建好项目监理单位后,总监理工程师要及时组织项目监理单位相关人员按上述要求和程序编制项目监理规划和监理细则,按程序批准后据此开展监理工作。

营造林工程监理实践中,一般是制订比较详细的监理规划,不再编制项目监理细则。

四、规范化地开展监理工作

项目监理单位在完成上述工作后,就可以按照监理规划和监理细则规范化地开展项目监理工作,包括开展质量、投资和进度控制,实施合同、信息管理,协调工程各方关系,并履行安全生产管理的监督职责等。

监理工作的规范化主要体现在:一是工作的时序性。即监理的各项工作都应按一定的逻辑顺序先后展开,从而使监理工作能有效达到目标而不造成工作的无序和混乱。二是职责分工的严密性。监理工作中,不同专业和不同层次的监理人员之间严密的职责分工是协调开展监理工作的前提和实现监理目标的重要保障。三是工作目标的确定性。在职责分工的基础上,监理工作的具体目标是确定的,完成的时间也有时限规定,从而能通过报表资料对监理工作及其效果进行检查和考核。

五、参与工程竣工验收,签署工程监理意见

营造林工程完成后,项目监理单位应在正式竣工验收前组织竣工预验收,发现问题,及时发出监理通知单要求承包单位限期进行整改。工程预验收合格后,项目监理单位要参与由建设单位组织的工程竣工验收,并按规定签署监理意见。

六、向建设单位提交工程监理档案资料

营造林工程监理工作完成后,监理单位应按照监理合同的约定向建设单位提交工程监

理档案资料。监理单位提交建设单位的监理资料应符合有关规范规定的要求，一般应包括作业设计变更和工程变更资料、监理指令性文件、各种签证资料等。

七、监理工作总结

营造林工程监理过程中，要及时开展阶段性总结工作，以监理日志、监理周报、监理月报、监理阶段性检查验收及成果等形式提交监理阶段性总结材料。

在营造林工程监理工作完成后，总监理工程师要及时组织项目监理单位开展本项目监理工作总结，按规定提交监理单位和建设单位。提交给建设单位的监理工作总结应在工程竣工验收会议前提交，主要内容包括：监理合同履行情况概述，监理组织机构、监理人员和投入的监理设施，监理目标完成情况的评价，工程实施过程中存在的问题和处理情况，必要的工程图片或影像资料，表明工程终结的说明等。向监理单位提交的监理工作总结主要内容包括：工程概况，监理合同履行情况，监理工作成效，监理工作的经验和体会，监理工作中存在的问题及改进建议等。

第三节　营造林监理工程师和监理员

一、营造林监理工程师

（一）概　述

目前，我国营造林监理工程师的申报条件、产生程序和相关要求等一般参照建设工程监理中注册监理工程师的相关规定执行，即须通过参加由国家有关主管部门组织的全国考试合格，并经注册取得《中华人民共和国注册监理工程师注册执业证书》和执业印章，从事工程监理与相关服务等活动。

营造林工程监理中，项目监理单位中的总监理工程师、专业监理工程师一般应取得注册监理工程师执业资格证书和注册执业证书。但《建设工程监理规范》（GB/T 50319—2013）也规定，具有中级及以上专业技术职称、2年及以上工程实践经验并经监理业务培训的人员，也可聘用为项目监理单位的专业监理工程师，营造林工程监理实践中可参照上述规定执行。

（二）素质要求及报考条件

监理工程师不仅要具有一定的工程技术或工程经济方面专业知识、较强的专业技术能力，还要有一定的组织协调能力。具体来说，监理工程师应具备以下素质：较高的专业学历和复合型的知识结构；丰富的工程建设实践经验；良好的品德；健康的体魄和充沛的精力。

报考注册监理工程师执业资格证书，一般从两个方面作出限制：一是要具有一定的专业学历；二是要具有一定年限的工程建设实践经验。

（三）职业道德

营造林监理工程师应严格遵守如下通用职业道德守则：

（1）维护国家的荣誉和利益，按照"守法、诚信、公正、科学"的准则执业。
（2）执行有关工程建设的法律、法规、标准、规范、规程和制度，履行监理合同规定的义务和职责。

(3)努力学习专业技术和监理知识,不断提高业务能力和监理水平。

(4)不以个人名义承揽监理业务。

(5)不同时在两个或两个以上监理单位注册和从事监理活动,不得在政府部门以及承包单位和材料设备的生产供应单位兼职。

(6)不为所监理项目指定承包单位及设备、材料供应单位。

(7)不收受被监理单位的任何礼金、礼品和有价证券等。

(8)不泄露所监理项目各方认为需要保密的事项。

(9)坚持独立自主开展监理工作。

二、营造林工程监理

(一)概 述

营造林工程监理已于2004年作为国家职业纳入《中华人民共和国职业大典》,并由劳动和社会保障部、国家林业局制订和发布了《国家职业标准——营造林工程监理》。营造林工程监理职业资格证书的取得,一般按照"申报—参加相关主管部门组织的营造林工程监理培训—考试鉴定合格—相关主管部门审核—审核合格发放职业资格证书"的程序进行。

营造林工程项目监理单位所聘用的监理员一般应获得营造林工程监理职业资格证书。

(二)定 义

掌握营造林工程项目监理的原则、程序、内容及方法,依据合同授权,在专业监理工程师的指导下,参与营造林工程项目现场施工阶段的监督和管理,保证营造林工程项目在规定的时间、质量、成本等约束条件下完成既定目标的人员。

(三)能力特征

身体健康,具有从事营造林工程监理的基本技能,可以按照设计文件及有关技术标准对施工作业过程或工序进行现场监督、检查和记录,发现问题及时向专业监理工程师报告,并具有基本的计算、写作、交流、协调及计算机操作能力,能适应野外工作。

(四)申报条件

具备以下条件之一者,可以申报营造林工程监理职业资格。

(1)连续从事营造林技术指导、营造林核查或施工管理工作6年或累计8年以上。

(2)具有林学或相近专业中专学历,连续从事营造林技术指导、营造林核查或施工管理工作3年以上。

(3)具有林学或相近专业大专学历,连续从事营造林技术指导、营造林核查或施工管理工作2年以上。

(4)具有林学或相近专业大学本科以上学历,从事营造林技术指导、营造林核查或施工管理工作1年以上。

(五)职业守则

(1)维护国家利益和职业荣誉,按照"守法、诚信、公正、科学"的准则执业。

(2)执行有关工程建设的法律、法规、标准、规范、规程和制度,履行监理合同规定的义务和职责。

(3)努力学习业务知识,不断提高业务能力和监理水平。

(4)不泄露所监理工程各方认为需要保密的事项。

(5)不得与被监理单位及材料供应单位有任何利益关系,不收受其任何礼金、礼品和有价证券等。

(6)坚持独立自主地开展工作。

第二章
营造林工程质量、进度、投资控制

第一节　营造林工程质量控制

营造林工程质量是实现营造林工程功能与效果的基本要素。工程质量控制是通过采取有效措施，在满足工程造价和进度要求的前提下，实现预定的质量目标。在营造林工程监理过程中质量控制比进度控制和投资控制内容多，地位重。

一、质量控制概述

（一）建设工程质量

1. 工程质量

质量是指一组包括明示的和隐含的两种固有特性满足要求的程度。"明示的"特性指以书面阐明的；"隐含的"特性是指惯性或一般的做法；"满足要求"指营造林工程中是指满足建设单位和相关方的要求，包括相关的法律法规、标准规范、施工合同等要求。

建设工程质量简称工程质量，是指建设工程满足相关标准规定和合同约定要求的程度，包括其在安全、使用功能及其在耐久性能、节能与环境保护等方面所有明示和隐含的固有特性。

建设工程作为一种特殊的产品，除具有一般产品共有的质量特性外，还具有特定的内涵。建设工程质量的特性主要表现在以下 7 个方面：

（1）适用性。适用性指功能，是指工程满足使用目的的各种性能。包括：理化性能，如：尺寸、规格、保温、隔热、隔声等物理性能，耐酸、耐碱、耐腐蚀、防火、防风化、防尘等化学性能；结构性能，指地基基础牢固程度，结构的足够强度、刚度和稳定性；使用性能，如民用住宅工程要能使居住者安居，工业厂房要能满足生产活动需要，道路、桥梁、铁路、航道要能通达便捷等，建设工程的组成部件、配件、水、暖、电、卫器具和设备也要能满足其使用功能；外观性能，指建筑物的造型、布置、室内装饰效果、色彩等美观大方、协调等。

（2）耐久性。耐久性指寿命，是指工程在规定的条件下，满足规定功能要求使用的年限，也就是工程竣工后的合理使用寿命期。由于建筑物本身结构类型不同、质量要求不同、施工方法不同、使用性能不同的个性特点，目前国家对建设工程的合理使用寿命期还缺乏统一规定，仅在少数技术标准中，提出了明确要求。如民用建筑主体结构耐用年限分为四级（15～30 年，30～50 年，50～100 年，100 年以上），公路工程设计年限一般按等级控制在 10～20 年，城市道路工程设计年限，视不同道路构成和所用的材料，设计的使用年限也有所不同。对工程组成部件（如塑料管道、屋面防水、卫生洁具、电梯等）也视生产厂家设计的产品性质及工程的合理使用寿命期而规定不同的耐用年限。

（3）安全性。安全性指工程建成后在使用过程中保证结构安全、保证人身和环境免受危害的程度。建设工程产品的结构安全度、抗震、耐火及防火能力，人民防空的抗辐射、抗核污染、抗冲击波等能力是否能达到特定的要求，都是安全性的重要标志。工程交付使用之后，必须保证人身财产、工程整体都有能免遭工程结构破坏及外来危害的伤害。工程组成部件，如阳台栏杆、楼梯扶手、电器产品漏电保护、电梯及各类设备等，也要保证使用者的安全。

（4）可靠性。可靠性是指工程在规定的时间和规定的条件下完成规定功能的能力。工程不仅要求在交工验收时要达到规定的指标，而且在一定的使用时期内要保持应有的正常功能。如工程上的防洪与抗震能力、防水隔热、恒温恒湿措施、工业生产用的管道防"跑、冒、滴、漏"等，都属可靠性的质量范畴。

（5）经济性。经济性指工程从规划、勘察、设计、施工到整个产品使用寿命周期内的成本和消耗的费用。工程经济性具体表现为设计成本、施工成本、使用成本三者之和。包括从征地、拆迁、勘察、设计、采购（材料、设备）、施工、配套设施等建设全过程的总投资和工程使用阶段的能耗、水耗、维护、保养乃至改建更新的使用维修费用。通过分析比较，判断工程是否符合经济性要求。

（6）节能性。节能性指工程在设计与建造过程及使用过程中满足节能减排、降低能耗的标准和有关要求的程度。

（7）与环境的协调性。与环境的协调性指工程与其周围生态环境协调，与所在地区经济环境协调以及与周围已建工程相协调，以适应可持续发展的要求。

营造林工程质量是指营造林工程满足相关标准规定和合同约定要求的程度。包括施工过程、使用材料设备、上岗人员及施工结果等方面满足相关要求的程度，满足相关要求即为质量合格，不满足要求即为质量不合格。

2. 工程质量形成过程与影响因素

（1）工程质量形成过程。工程建设的不同阶段，对工程项目质量的形成起着不同的作用和影响。

① 项目可行性研究　项目可行性研究是在项目建议书和项目策划的基础上，运用经济学原理对投资项目的有关技术、经济、社会、环境及所有方面进行调查研究，对各种可能的拟建方案和建成投产后的经济效益、社会效益和环境效益等进行技术经济分析、预测和论证，确定项目建设的可行性，并在可行的情况下，通过多方案比较从中选择出最佳建设方案，作为项目决策和设计的依据。在此过程中，需要确定工程项目的质量要求，并与投资目标相协调。因此，项目的可行性研究直接影响项目的决策质量和设计质量。

② 项目决策　项目决策阶段是通过项目可行性研究和项目评估，对项目的建设方案做出决策，使项目的建设充分反映业主的意愿，并与地区环境相适应，做到投资、质量、进度三者协调统一。所以，项目决策阶段对工程质量的影响主要是确定工程项目应达到的质量目标和水平。

③ 工程勘察、设计　工程的地质勘察是为建设场地的选择和工程的设计与施工提供地质资料依据。而工程设计是根据建设项目总体需求（包括已确定的质量目标和水平）和地

质勘察报告，对工程的外形和内在的实体进行筹划、研究、构思、设计和描绘，形成设计说明书和图纸等相关文件，使得质量目标和水平具体化，为施工提供直接依据。工程设计质量是决定工程质量的关键环节。工程采用什么样的平面布置和空间形式、选用什么样的结构类型、使用什么样的材料、构配件及设备等，都直接关系到工程主体结构的安全可靠，关系到建设投资的综合功能是否充分体现规划意图。在一定程度上，设计的完美性也反映了一个国家的科技水平和文化水平。设计的严密性、合理性也决定了工程建设的成败，是建设工程的安全、适用、经济与环境保护等措施得以实现的保证。

④ 工程施工　工程施工是指按照设计图纸和相关文件的要求，在建设场地上将设计意图付诸实现的测量、作业、检验，形成工程实体建成最终产品的活动。任何优秀的设计成果，只有通过施工才能变为现实。因此工程施工活动决定了设计意图能否体现，直接关系到工程的安全可靠、使用功能的保证，以及外表观感能否体现建筑设计的艺术水平。在一定程度上，工程施工是形成实体质量的决定性环节。

⑤ 工程竣工验收　工程竣工验收就是对工程施工质量通过检查评定、试车运转，考核施工质量是否达到设计要求；是否符合决策阶段确定的质量目标和水平，并通过验收确保工程项目质量。所以工程竣工验收对质量的影响是保证最终产品的质量。

（2）影响工程质量的因素。影响工程质量的因素很多，但归纳起来主要有 5 个方面，即人员素质、工程材料、机械设备、工艺方法和环境条件。

① 人员素质　人是生产经营活动的主体，也是营造林工程项目建设的决策者、管理者、操作者，人员的素质，都将直接和间接地对规划、决策、勘察、设计和施工的质量产生影响。因此，林业行业实行经营资质管理、各类专业从业人员持证上岗及岗前培训制度是保证人员素质的重要管理措施。

② 工程材料　工程材料选用是否合理、产品是否合格、材质是否经过检验、保管使用是否得当等，都将直接影响工程质量。如使用不合格苗木、肥料及药品均会直接影响到工程质量。

③ 机械设备　机械设备可分为两类：一是指组成工程实体及配套的工艺设备和各类机具；二是指施工过程中使用的各类机具设备。营造林工程中的机械设备多属于第二种，它们是施工生产的手段。设备准备不足或质量不合格都会影响造林质量。例如排水、灌溉、整地设备等，在关键时刻排不出去水会造成涝灾，在干旱时无法浇灌会造成旱灾。

④ 工艺方法　在工程施工中，施工方案是否合理，施工工艺是否先进，施工操作是否正确，都将对工程质量产生重大的影响。大力推进采用新技术、新工艺、新方法，不断提高工艺技术水平，是保证工程质量稳定提高的重要因素。例如：苗木从起苗、包装、运输到卸车、运至栽植穴及栽植全程中方法是否得当，将直接影响造林工程质量；再如营造林困难立地造林技术的运用，保水剂、ABT生根粉和菌根苗、土壤改良剂、植树袋等新材料的科学使用将会提高造林质量。

⑤ 环境条件　环境条件是指对工程质量特性起重要作用的环境因素，例如气候因子、立地条件、病虫害、野生动物危害、施工所在地村镇及周边村镇的人为干扰等，都将直接、间接影响到工程质量。

（二）工程质量的特点
1. 影响因素多
营造林工程质量受到多种因素的影响，如决策、设计、苗木、材料、机具设备、施工方法、施工工艺、技术措施、人员素质、工期、工程造价等，这些因素直接或间接地影响工程项目质量。
2. 质量波动大
影响营造林工程的因素多，其中任何因素发生变动，都会使工程质量产生波动。
3. 质量隐蔽性
在营造林工程施工过程中，隐蔽工程多，如整地、施肥、植苗等，因此质量存在隐蔽性，如果不在施工过程中进行质量控制，事后只能从表面进行检查，很难发现内在的质量问题。
4. 终检的局限性
工程项目的终检（竣工验收）无法进行工程内在质量的检验，发现隐蔽的质量缺陷。因此，工程项目的终检存在一定的局限性。
5. 评价方法的特殊性
工程质量的检查评定及验收是按检验批、分项工程、分部工程、单位工程进行的。隐蔽工程在隐蔽前要检查合格后验收，工程质量是在承包单位按合格质量标准自行检查评定的基础上，由监理工程师（或建设单位项目负责人）组织有关单位、人员进行检验确认验收。这种评价方法体现了"验评分离、强化验收、完善手段、过程控制"的指导思想。

（三）工程质量控制的主体
工程质量控制按其实施主体不同，分为自控主体和监控主体，自控主体是指直接从事质量职能的活动者；监控主体是指对他人质量能力和效果的监控者，主要包括以下5个方面：
1. 政府的工程质量控制
政府属于监控主体，它主要是以法律法规为依据，通过抓工程报建、施工图设计文件审查、施工许可、材料和设备准用、工程质量监督、重大工程竣工验收备案等主要环节进行的。
2. 建设单位的工程质量控制
建设单位属于监控主体，工程质量控制按工程质量形成过程，建设单位的质量控制包括建设全过程各阶段。
（1）决策阶段的质量控制，主要是通过项目的可行性研究，选择最佳建设方案，使项目的质量要求符合业主的意图，并与投资目标相协调，与所在地区环境相协调。
（2）工程勘察设计阶段的质量控制，主要是要选择好勘察设计单位，要保证工程设计符合决策阶段确定的质量要求，保证设计符合有关技术规范和标准的规定，要保证设计文件、图纸符合现场和施工的实际条件，其深度能满足施工的需要。
（3）工程施工阶段的质量控制，一是择优选择能保证工程质量的承包单位；二是择优选择服务质量好的监理单位，委托其严格监督承包单位按设计图纸进行施工，并形成符合合同文件规定质量要求的最终建设产品。

3. 工程监理单位的质量控制

工程监理单位属于监控主体，它主要是受建设单位的委托，代表建设单位对工程实施全过程进行的质量监督和控制，包括对勘察设计阶段质量控制、施工阶段质量控制，以满足建设单位对工程质量的要求。

4. 勘察设计单位的质量控制

勘察设计单位属于自控主体，它是以法律、法规及合同为依据，对勘察设计的整个过程进行控制，包括工作质量和成果文件质量的控制，确保提交的勘察设计文件所包含的功能和使用价值，满足建设单位工程建造的要求。

5. 承包单位的质量控制

承包单位属于自控主体，它是以工程合同、设计图纸和技术规范为依据，对施工准备阶段、施工阶段、竣工验收交付阶段等施工全过程的工作质量和工程质量进行的控制，以达到合同文件规定的质量要求。

（四）工程质量控制的原则

项目监理单位在工程质量控制过程中，应遵循以下几条原则：

1. 坚持质量第一的原则

营造林工程质量关系到建设项目的投资效果和林业工程三大效益的发挥、国家生态文明建设的成效。所以，项目监理单位在进行质量、进度、投资、安全4大目标控制时，在处理四者关系时，应坚持"百年大计，质量第一"，在营造林工程建设中自始至终把"质量第一"作为工程质量控制的首要原则。

2. 坚持以人为核心的原则

营造林工程建设全过程的组织者、管理者、操作者，各部门、各岗位人员的工作质量水平，都直接和间接地影响到工程质量。所以在营造林工程质量控制中，要以人为核心，重点控制人的素质和行为，通过人的工作质量保证工程质量。

3. 坚持以预防为主的原则

工程质量控制应该是积极主动的，应事先对影响质量的各种因素加以控制，而不能是消极被动的，等出现质量问题再进行处理，避免造成不必要的损失。所以，要重点做好质量的事先控制和事中控制，以预防为主，加强过程和中间产品的质量检查和控制。加强事前事中的质量控制可以将许多质量问题提前解决或消除在萌芽中，以提高营造林工程造林成效，减少损失。

4. 坚持质量标准的原则

质量标准是进行质量控制的依据。判断营造林工程各环节质量是否合格是以通过质量检验结果与合同规定的质量标准对照得出的。符合质量标准判定为质量合格，不符合质量标准判定为不合格。不合格项应根据相关规定进行返工处理。

5. 坚持科学、公平、守法的职业道德规范

营造林工程质量控制过程中，监理人员应以科学、严谨的态度公平的处理质量问题，坚持原则、遵纪守法，秉公监理。

（五）工程质量责任体系

1. 建设单位的质量责任

(1)建设单位要根据工程特点和技术要求，按有关规定选择相应的勘察、设计单位和承包单位，在合同中必须有质量条款，明确质量责任，并真实、准确、齐全地提供与建设工程有关的原始资料。凡法律法规规定建设工程勘察、设计、施工、监理以及工程建设有关重要设备材料采购实行招标的，必须实行招标，依法确定程序和方法，择优选定中标者。不得将应由一个承包单位完成的建设工程项目肢解成若干部分发包给几个承包单位；不得迫使承包方以低于成本的价格竞标；不得任意压缩合理工期；不得明示或暗示设计单位或承包单位违反建设强制性标准，降低建设工程质量。建设单位对其自行选择的设计、承包单位发生的质量问题承担相应责任。

（2）建设单位应根据工程特点，配备相应的质量管理人员。对国家规定强制实行监理的工程项目，必须委托有相应资质等级的工程监理单位进行监理。建设单位应与工程监理单位签订监理合同，明确双方的责任和义务。

（3）建设单位在工程开工前，负责办理有关施工图设计文件审查、工程施工许可证和工程质量监督手续，组织设计和承包单位认真进行设计交底；在工程施工中，应按国家现行有关工程建设法规、技术标准及合同规定，对工程质量进行检查，涉及建筑主体和承重结构变动的装修工程，建设单位应在施工前委托原设计单位或者相应资质等级的设计单位提出设计方案，经原审查机构审批后方可施工。工程项目竣工后，应及时组织设计、施工、工程监理等有关单位进行施工验收，未经验收备案或验收备案不合格的，不得交付使用。

（4）建设单位按合同的约定负责采购供应的建筑材料、建筑构配件和设备，应符合设计文件和合同要求，对发生的质量问题，应承担相应的责任。

2. 勘察、设计单位的质量责任

勘察、设计单位必须按照国家现行的有关规定、工程建设强制性技术标准和合同要求进行勘察、设计工作，并对所编制的勘察、设计文件的质量负责。

3. 承包单位的质量责任

承包单位对所承包的工程项目的施工质量负责。实行总承包的工程，总承包单位应对全部工程质量负责；实行分包的工程，分包单位应按照分包合同约定对其分包工程的质量向总承包单位负责，总承包单位与分包单位对分包工程的质量承担连带责任。

4. 工程监理单位的质量责任

工程监理单位应依照法律、法规以及有关技术标准、设计文件和建设工程承包合同，与建设单位签订监理合同，代表建设单位对工程质量实施监理，并对工程质量承担监理责任。监理责任主要有违法责任和违约责任两个方面。如果工程监理单位故意弄虚作假，降低工程质量标准，造成质量事故的，要承担法律责任。若工程监理单位与承包单位串通，牟取非法利益，给建设单位造成损失的，应当与承包单位承担连带赔偿责任。如果监理单位在责任期内，不按照监理合同约定履行监理职责，给建设单位或其他单位造成损失的，属违约责任，应当向建设单位赔偿。

5. 苗圃、种子公司以及有关肥料、药品及设备供应单位的质量责任

种苗供应商以及有关肥料、药品及设备供应单位对其生产或供应的种子、苗木、肥料、药品及设备的质量负责。

二、营造林工程施工的质量控制

(一)施工质量控制的主要依据

(1)工程合同文件。与工程建设有关的所有合同文件,包括:施工合同、监理合同、采购合同,如果工程有分包还有分包合同等。

(2)工程勘查设计文件。

(3)有关质量管理方面的法律法规、部门规章与规范性文件。

(4)质量标准与技术规范。

(二)施工阶段质量控制的工作程序

在营造林工程施工前,如是建设单位自行采购苗木(或种子)、肥料等造林材料,监理工程师应事先协助建设单位做好苗木(或种子)、肥料等材料的采购、质量把关等工作,并与承包单位协商,按照施工方案,编制苗木(或种子)、肥料等材料的供应详细计划,确保造林施工时的符合质量要求的苗木(或种子)、肥料等材料的及时调拨供应。承包单位须按监理单位的要求做好施工前的准备工作,然后填报《工程开工报审表》,附上该项工程的开工报告、施工方案以及施工进度计划、人员及机械设备配置、苗木(或种子)、材料等准备情况等,报送监理工程师审查。若审查合格,则由总监理工程师批复准予开工。否则,承包单位应进一步做好施工准备,待条件具备时,再次填报开工申请。如果因承包单位准备工作没有做好,从而造成造林季节延误,承包单位将承担其责任。

在施工过程中,监理工程师应督促承包单位加强内部质量管理,严格质量控制。施工作业过程均应按规定工艺和技术要求进行。在每道工序完成后,承包单位应进行自检,自检合格后,填报《_____报验申请表》交监理工程师检验。监理工程师收到检查申请后应在合同规定的时间内到现场检验,检验合格后予以确认。只有上一道工序被确认质量合格后,方能准许下道工序施工。

(三)质量控制点

1. 质量控制点及选择质量控制点的原则

(1)质量控制点的概念。质量控制点是指为了保证作业过程质量而确定的重点控制对象、关键部位或薄弱环节。对于质量控制点,一般要事先分析可能造成质量问题的原因,再针对原因制订对策和措施进行预控。

(2)选择质量控制点的一般原则。①施工过程中的关键工序或环节以及隐蔽工程;②施工中的薄弱环节,或质量不稳定的工序、部位或对象;③对后续工程施工或对后续工序质量有重大影响的工序、部位或对象;④采用新技术、新工艺、新材料的部位或环节;⑤施工上无足够把握的、施工条件困难的或技术难度大的工序或环节。

2. 营造林工程质量控制点的设置

营造林工程施工阶段的工艺比较简单,主要分为:整地、植苗、抚育灌溉 3 道工序。项目监理单位应结合工程项目特点确定具体的质量控制点,一般情况可对照表2-1。

表 2-1　质量控制表

质量控制点	可能发生的质量问题	质量控制措施	
		项目监理单位	承包单位
整地	1. 整地规格达不到设计要求 2. 整地模式不符合设计要求：实际整地密度偏小；整地不均匀，立地条件好的地块整地密度过大；而立地条件差的地块整地密度过小 3. 设计范围内偏远地块遗漏或整地超出设计范围	1. 熟悉设计图纸，熟悉整地规格，督促承包单位按设计施工 2. 定期不定期地进行巡视 3. 收到《整地报验表》后在规定的时间内现场检查验收，注意小班边界及立地条件差的地块均应到位检查	1. 按设计施工，整地结束自检合格后向项目监理单位提交《整地报验表》并附《自检报告》 2. 组织人员配合监理人员验收，并在相关记录上签字确认验收结果
施基肥	要求施肥而没有施；肥料质量不合格；施肥量达不到要求；施肥时间不符合要求	1. 在施肥阶段进行巡视 2. 收到《报验表》后在规定的时间内现场检查验收，根据验收结果如实填写报验表	1. 按设计施肥，施肥结束自检合格后向项目监理单位提交《报验表》并附《自检报告》 2. 组织人员配合监理人员验收，并在相关记录上签字确认验收结果
苗木进场	1. 苗木规格偏低，不符合设计要求：苗高、胸径、地径、冠幅、土球大小等 2. 苗木实际进场数量小于上报数量 3. 进场苗木生活力过低 4. 苗木来自非适生地 5. 没有随车携带两证一签（苗木质量合格证、苗木检疫证、苗木标签）或证件不全 6. 苗木病虫害 7. 带土球苗木卸车时散球 8. 假土球现象 9. 苗木卸运过程中受到机械损伤	1. 收到承包方《苗木报验申请》后按时到现场进行旁站监理，认真填写《旁站记录》，现场监理人员签字并要求承包方相关负责人签字确认验收结果 2. 检验两证一签 3. 按设计要求验收苗木，对不合格苗木进行记录并责成清退出场 4. 叮嘱承包方在苗木卸车搬运过程中轻拿轻放，避免发生机械性损伤；带土球苗木卸运过程中避免发生土球松散	1. 苗木进场前向项目监理单位提交《苗木报审表》 2. 随车携带两证一签 3. 配合监理人员做好苗木验收工作，相关负责人在《旁站记录》上签字确认验收结果 4. 苗木卸运过程中注意采取合理方法，保护苗木免受机械损伤 5. 不合格苗木应按监理方要求清退出场
苗木保护	未及时栽植的进场苗木栽植前失水严重	督促承包单位采取有效保护措施，减少蒸腾，以保持苗木活力	1. 裸根苗应于背风遮阴处假植；喷水，修枝剪叶 2. 容器苗暂放于背风遮阴处，定时喷水，以减少苗木体内水分损失

（续）

质量控制点	可能发生的质量问题	质量控制措施	
		项目监理单位	承包单位
苗木栽植	1. 栽植苗木非验收苗木 2. 容器苗栽植时没有采取有利于苗木根系生长的措施：如去除容器或是对容器底部处理 3. 培土后不踩实。定根水浇不透 4. 大苗栽植后不搭支架	1. 栽植前向承包方强调植苗技术要点及要求 2. 植苗过程中增加巡视次数，以便及时发现问题及时解决 3. 植苗工序验收时再次检查所栽苗木质量、规格等；涉及容器苗的应抽检容器处理是否符合要求 4. 涉及大苗栽植的要检查支架是否符合要求 5. 接到《植苗报验表》后，应在规定时间内到现场进行检查验收	1. 按技术要求进行栽植 2. 苗木栽植后及时浇水且要浇透 3. 浇水培土踩实，以防土壤下陷苗木倒斜 4. 大苗栽植，按要求搭支架 5. 栽植工序结束，自检合格后，应填写《植苗报验表》上报项目监理单位，并附自检报告
抚育灌溉	1. 水没浇透 2. 土壤解冻时产生露根 3. 苗木歪斜 4. 水盘修整不符合设计要求 5. 没有进行割灌（草）、除蔓	1. 督促承包单位按合同要求进行抚育灌溉，并进行巡视 2. 接到《抚育/灌溉报验表》后，在规定的时间内进行检验，做好相关记录	1. 按合同要求和实际天气情况进行抚育灌溉和管理工作 2. 每次浇水要浇透，灌溉后培土、踩实 3. 发现苗木歪斜应及时扶正 4. 按要求修整水盘 5. 每次抚育灌溉工作结束，自检合格后向项目监理单位填报《抚育/灌溉报验表》，并附自检报告

（四）施工准备阶段的质量控制

1. 设计交底

项目总监理工程师在收到审批后的施工图设计文件后，应组织监理人员熟悉设计文件，并参加建设单位主持的设计交底会议，全面理解设计意图及设计特点和难点，掌握关键工程部位的质量要求，以确保施工过程中实施监理的质量控制。

施工图是工程施工的直接依据，为了使施工承包单位充分了解工程特点、设计要求，减少图纸的误差，确保工程质量减少工程变更，监理工程师应要求承包单位做好施工图的现场核对工作。如果发现图纸中有遗漏、差错，承包单位应以书面形式提出，上报建设单位。

营造林工程施工图的现场核对工作主要有：小班边界的确认；小班面积的核实；小班内立地条件是否与设计相符。

营造林工程施工图核对过程中容易出现的问题有：

（1）实际地形与设计使用的地形图相差较大，导致小班边界无法确认，小班面积实际与设计相差较大。

(2) 立地条件实际与设计不符，致使整地无法按设计完成。

(3) 小班设计地类与现场不符。

2. 施工组织设计的审查

施工组织设计是指导承包单位进行施工的实施性文件。承包单位在组织施工前必须向项目监理单位报审施工组织设计，审核通过后方可按设计组织施工。

(1) 施工组织设计的报审程序。承包单位编制的施工组织设计经承包单位技术负责人审核签认后，与施工组织设计报审表一并报送项目监理单位；总监理工程师及时组织专业监理工程师审查，需要修改的，由总监理工程师签发书面意见退回修改；符合要求的，由总监理工程师签认；已签认的施工组织设计由项目监理单位报送建设单位；施工组织设计在实施过程中，承包单位如需做较大的变更，应经总监理工程师审查同意。

(2) 施工组织设计的审查内容。编审程序是否符合相关规定；施工进度、施工方案及工程质量保证措施是否符合施工合同要求；资源（资金、劳动力、材料、设备）供应计划是否满足工程施工需要；安全技术措施是否符合工程建设强制性标准；施工总平面布置应科学合理。

3. 对工程所需种子、苗木、肥料、药品等材料采购订货质量控制

(1) 采购单位（建设单位或承包单位）在种子、苗木、肥料、药品等的采购订货前，都必须在开工前按设计要求确定供应单位，并向监理单位报审，经监理工程师审查认可后，方可进行订货采购备案。采购单位向监理单位提交的报审材料有：《_____ 供应单位资质报审表》及供应单位的资质材料。

(2) 采购种子、苗木、肥料、药品，应按经审批认可的设计文件和图纸要求采购订货，质量应满足有关标准和设计的要求，交货期应满足施工进度安排的需要。

(3) 要严把种子、苗木质量关，应通过考查优选合格的苗圃和供应单位。

(4) 种子、苗木等进场后的贮藏和处理。

监理工程师对采购单位提交的有关质量证明材料的审查认可，不免除采购单位采购不合格材料的质量责任。

4. 分包单位资质的审核确认

保证分包单位的质量，是保证工程施工质量的一个重要环节和前提。因此，监理工程师应对分包单位资质进行严格控制。

分包工程开工前，项目监理单位应审核承包单位报送的分包单位资格报审表及有关资料，专业监理工程师进行审核并提出审查意见，符合要求后，应由总监理工程师审批并签署意见。分包单位资格审核包括的基本内容：营业执照、企业资质等级证书；安全生产许可文件；类似工程业绩及信誉；专职管理人员和特种作业人员的资格。

专业监理工程师对承包单位所报资料的完整性、真实性和有效性进行审查。专业监理工程师在审查分包单位资质材料时，应注意拟承担分包工程内容与资质等级、营业执照是否相符，分包单位的类似工程业绩，要求提供工程名称、工程质量验收等证明文件；审查拟分包工程的内容和范围时，应注意承包单位的发包性质，禁止转包、肢解分包、层层分包等违法行为。

总监理工程师对报审资料进行审核，在报审表上签署书面意见前需要征得建设单位意见。如分包单位的资质材料不符合要求，承包单位应根据总监理工程师的审核意见，或重新报审，或另选分包单位再报审。

5. 工程开工条件审查与开工令的签发

总监理工程师应组织专业监理工程师审查承包单位报送的工程开工报审表及相关资料，同时具备下列条件时，应由总监理工程师签署审查意见，并应报建设单位批准后，由总监理工程师签发工程开工令。

（1）设计交底和图纸会审已完成。

（2）施工组织设计已由总监理工程师签认。

（3）承包单位现场质量、安全生产管理体系已建立，管理及施工人员已到位，施工机械具备使用条件，主要工程材料已落实。

（4）施工场地已满足开工要求。

总监理工程师应在开工日期7天前向承包单位发出工程开工令。工期自总监理工程师发出的工程开工令中载明的开工日期起计算。承包单位应在开工日期后尽快施工。

6. 监理组织内部的监控准备工作

监理组织内部应建立并完善监理机构的质量控制体系，配备相应人员，责权分明；配备所需的检测仪器设备，熟悉有关的检测方法和规程等。

（五）施工过程质量控制

1. 巡　视

巡视是项目监理单位对施工现场进行的定期或不定期的检查活动，是项目监理单位对工程实施建设监理的方式之一。

（1）巡视的内容。项目监理单位的监理人员应对工程施工质量进行巡视。巡视的主要内容有：

①承包单位是否按设计文件和批准的施工组织设计施工。

②使用的工程材料、设备是否合格。营造林工程中主要的施工材料为苗木，监理人员在巡视过程中应重点检查承包单位使用的苗木是否为报验通过的合格苗木，不得使用不合格的苗木用于造林。

③施工现场管理人员，特别是施工质量管理人员是否到位。应对其是否到位及履职情况做好检查和记录。

④特种作业管理人员是否持证上岗。

（2）巡视检查要点

①检查施工人员　施工现场管理人员是否到位；现场施工人员数量；特种作业人员是否持证上岗，人证是否相符；现场施工人员是否按照规定佩戴安全防护用品，能否确保各项管理制度和质量保证体系的落实。

②检查整地过程　整地前是否进行林地的清理工作，林地清理是否按施工组织设计进行；整地过程中挖坑的规格是否达到设计要求；植苗坑的株行距是否达到设计要求；在施工范围内是否已按设计要求整地，有无漏整地地块。监理员在巡视过程中如发现承包单位没有按设计要求进行整地应及时通知监理工程师签发监理通知，要求其进行整改。

③检查原材料　施工现场用于造林的苗木、肥料、农药等原材料的种类、规格是否符合设计要求；是否已按程序报验并允许使用；有无使用不合格的材料，有无使用质量合格

证明资料欠缺的材料。

④检查栽植过程 苗木进场后，除进行上述检查外还应检查苗木有无感染病虫害、未栽植苗木的生活力及苗木保护是否得当，是否在背风庇荫处进行假植等；苗木栽植过程中是否按技术标准进行埋、踩、提的操作；带袋苗木有无脱袋；栽植过程苗木有无窝根；栽植结束后有无及时浇水；浇水是否浇透；水盘修整是否符合设计要求等。

2. 旁 站

旁站是指项目监理单位对工程的关键部位或关键工序的施工质量进行的监督活动。项目监理单位应根据工程特点和承包单位报送的施工组织设计，将对影响工程质量的关键部位、关键工序进行旁站，并应及时记录旁站情况。

由于营造林工程施工面积大，在整地、栽植过程中监理人员无法做到旁站，所以在营造林工程中设为旁站点的工序有：苗木进场验收，农药、化肥的配制等，各项目监理单位还可根据工程实际增设其他旁站点。

（1）旁站工作程序

①开工前，项目监理单位应根据工程特点和承包单位报送的施工组织设计，确定旁站的关键部位和关键工序，并书面通知承包单位。

②承包单位在需要实施旁站的关键部位、关键工序进行施工前书面通知项目监理单位。

③接到承包单位书面通知后，项目监理单位应安排旁站人员实施旁站。

（2）苗木进场旁站要点

①查看苗木的质量证明文件，即两证一签（苗木质量合格证、苗木检疫证和苗木标签）。如果到场苗木产地与申报产地不符，或质量证明材料不全，应拒绝苗木卸车，责令其清退出场。

②苗木验收 苗木质量证明材料查验通过后，监理人员应对进场苗木进行检验，检查要点为：苗木品种、数量、规格（苗木高度、直径、苗木冠幅、地径、土球情况等）是否符合设计要求，与苗木报审表报审内容是否一致；检验苗木是否有机械损伤及苗木是否感染病虫害等。

检验过程中发现苗木品种与设计不符、苗木规格达不到设计要求、苗木受损严重，应责成清退出场；发现苗木已严重感染病虫害，应及时报建设单位通知当地林业检疫部门进行处置。

（3）旁站人员的主要职责

①检查承包单位现场质检人员到岗、特殊工种人员持证上岗及施工机械、施工材料准备情况。

②在现场监督关键部位、关键工序的施工执行，施工方案及工程强制性标准情况。

③核查进场材料的质量检验报告等，并可在现场监督承包单位进行检验。

④做好旁站记录，保存旁站原始资料。

⑤对施工中出现的偏差及时纠正，保证施工质量。发现承包单位有违反工程建设强制性标准行为的，应责令承包单位立即整改；发现其施工活动已经或者可能危及工程质量的，应当及时向专业监理工程师或总监理工程师报告，由总监理工程师下达工程暂停令，责成承包单位整改。

⑥对需要旁站的关键部位、关键工序的施工，凡没有实施旁站监理或者没有旁站记录的，专业监理工程师或总监理工程师不得在相应文件上签字。工程竣工验收后，项目监理单位应将旁站记录存档备查。

⑦旁站记录要求内容真实、准确并与监理日志相吻合。必要时可将旁站现场进行拍照或摄影留存。

3. 平行检验

平行检验是指项目监理单位在承包单位自检的同时，按有关规定、委托监理合同的约定对同一检验项目进行的检测试验活动。

营造林工程需要进行平行检验的工序有：测量放线、整地、植苗和抚育灌溉、防风倒支撑等。

对平行检验不合格的施工质量，项目监理单位应签发监理通知单，要求承包单位在指定的时间内整改并重新报验。

4. 监理通知单、工程暂停令、工程复工令的签发

（1）监理通知单的签发。在工程质量控制方面，监理人员发现施工存在质量问题，或施工过程不当造成工程质量不合格的，应由专业监理工程师或总监理工程师及时签发监理通知单要求承包单位整改。

项目监理单位签发监理通知单时应要求承包单位相关人员在发文本上签字，并注明签收时间。

承包单位按监理通知单的要求整改完毕后，向项目监理单位提交监理通知回复单。项目监理单位应根据回复单对整改情况进行复查，并提出复查意见。

（2）工程暂停令的签发。监理人员发现可能造成质量事故的重大隐患或已发生质量事故的，总监理工程师应上报建设单位，经建设单位同意后签发工程暂停令。

项目监理单位发现下列情形之一时，总监理工程师应及时签发工程暂停令。

①建设单位要求暂停施工且工程需要暂停施工的。

②承包单位未经批准擅自施工或拒绝项目监理单位管理的。

③承包单位未按审查通过的工程设计文件施工的。

④承包单位违反工程建设强制性标准的。

⑤施工存在重大质量、安全事故隐患或发生质量、安全事故的。

暂停施工事件发生时，项目监理单位应如实记录所发生的情况。对于建设单位要求停工且工程需要暂停施工的，应重点记录承包单位人工、设备在现场的数据及状态；对于因承包单位原因暂停施工的，应记录直接导致停工发生的原因。

（3）复工令的签发。因建设单位原因或非承包单位原因引起工程暂停的，在具备复工条件时，总监理工程师应及时签发工程复工令，指令承包单位复工。因承包单位原因引起工程停工的，承包单位在消除停工原因后复工前，应向项目监理单位提交工程复工报审表申请复工。承包单位工程复工报审时，应附有能够证明已具备复工条件的相关文件。

项目监理单位收到承包单位报送的工程复工报审表及有关材料后，应对承包单位的整改过程、结果进行检查验收，符合要求的，应由总监理工程师及时签署审批意见，并报建设单位批准后签发工程复工令，承包单位接到工程复工令后组织复工。承包单位未及时提出工程复工申请的，项目监理单位应根据实际情况指令承包单位填写复工报审表，审批后恢复施工。

5. 工程变更的控制

营造林工程由于施工作业面积大、地形复杂、精度要求低、设计使用地形图过旧致使施工图纸与现场不符、建设单位要求变更等原因，施工过程中工程变更现象时有发生。做好工程变更的控制工作，是工程质量控制的一项重要内容。

（1）营造林工程常见变更点。营造林工程中工程变更通常表现在施工面积的变更、施工地点的变更、整地方式的变更、苗木品种及规格以及有关施工材料的变更等。

（2）工程变更的处理程序

①总监理工程师组织专业监理工程师审查申请方提出的工程变更申请，提出审查意见。对涉及工程设计文件修改的工程变更，应由建设单位转交原设计单位修改工程设计文件。

②设计单位应按照建设单位的要求进行设计变更，提交变更设计，以及费用变更和工期变更的资料。

③总监理工程师组织建设单位、承包单位等共同协商确定工程变更费用及工期变化，会签工程变更单。

④项目监理单位根据批准的工程变更文件监督承包单位实施工程变更。

（3）承包单位提出工程变更的情形

①图纸出现错、漏、碰、缺等缺陷而无法施工。

②图纸不便施工，变更后更经济、方便。

③采用新材料、新产品、新工艺、新技术的需要。

④承包单位考虑自身利益，为费用索赔而提出工程变更。

6. 质量记录资料的管理

质量资料是承包单位进行工程施工期间实施质量控制活动的记录，还包括对这些质量控制活动的意见及承包单位对这些意见的答复，它详细地记录了工程施工阶段质量控制活动的全过程。因此，它不仅在工程施工期间对工程质量控制有重要作用，而且在后续工作中，对于查询和了解工程建设的质量情况以及工程养护管理提供大量有用的资料和信息。

质量记录资料主要包括施工现场质量管理检查记录资料、工程材料质量记录和施工过程作业活动质量记录资料这三方面的内容。

①施工现场质量管理检查记录资料　主要包括承包单位现场质量管理制度，质量责任制；主要专业工种操作上岗证书；分包单位资质及总承包承包单位对分包单位的管理制度；施工图审查核对资料（记录地质勘察资料；施工组织设计、施工方案及审批记录；施工技术标准；工程质量检验制度；混凝土搅拌站（级配填料拌和站）及计量设置；现场材料、设备存放与管理等）。

②工程材料质量记录　主要包括进场工程材料件成品、构配件、设备的质量证明资料；各种试验检验报告（如力学性能试验、化学成分试验、材料级配试验等各种合格证；设备进场维修记录或设备进场运行检验记录）。

③施工过程作业活动质量记录资料　施工或安装过程可按分项、分部、单位工程建立相应的质量记录资料。在相应质量记录资料中应包含有关图纸的图号、设计要求；质量自检资料；项目监理单位的验收资料；各工序作业的原始施工记录；检测及试验报告；材

料、设备质量资料的编号、存放档案卷号。此外，质量记录资料还应包括不合格项的报告、通知以及处理及检查验收资料等。

质量记录资料在工程施工前，根据建设单位的要求及工程竣工验收资料级差归档的有关规定，由项目监理单位和承包单位共同研究确定质量资料清单，并在施工过程中不断收集相关资料，并及时整理、组卷。

施工质量记录资料应真实、齐全、完整，相关各方人员的签字齐备、字迹清楚、结论明确，与施工过程同步进行。在对作业活动效果的验收中，如缺少资料或资料不全，项目监理单位应拒绝验收。

监理资料的管理由总监理工程师负责，指定专人具体实施。对于工程规模较小，资料不多的监理项目可以指定一名监理人员兼职完成相关工作，但要求此人受过资料管理业务培训，懂得资料管理。

项目监理单位的各个成员须自觉履行各自的职责，以保证监理文件资料管理工作的顺利完成。

三、营造林工程施工质量验收

工程施工质量验收是指工程施工质量在承包单位自行检查评定合格的基础上，由工程质量验收责任方组织，工程建设相关单位参加，对检验批、分项、分部、单位工程及其隐蔽工程的质量进行抽样检验，对技术文件进行审核，并根据设计文件和相关标准以书面形式对工程质量做出确认。工程施工质量验收包括工程施工过程质量验收和竣工质量验收，是工程质量控制的重要环节。

（一）营造林工程验收的分类

营造林工程的验收一般分为施工阶段验收和项目总验收。

（二）预验收的程序

当达到验收条件，承包单位应在自查合格后，填写《工程竣工报验单》，并按要求将全部工程资料报送项目监理单位，申请工程验收。总监理工程师应组织各专业监理工程师对报验资料及工程的质量情况进行全面检查，对检查出的问题，应发监理通知单督促承包单位及时整改。

经项目监理单位对报验资料及现场全面检查、验收合格后，由总监理工程师签署《工程竣工报验单》，并向建设单位提出质量评估报告。

（三）竣工验收程序

建设单位收到工程验收报告后，应由建设单位组织、设计、监理等承包单位项目负责人进行工程正式验收。

工程正式验收应当具备下列条件：

(1)完成工程设计和合同约定的各项内容。

(2)有完整的技术档案和施工管理资料。

(3)有工程使用的主要材料、设备进场报告。

(4)有勘察、设计、施工、工程监理等单位分别签署的质量合格文件。

营造林工程中，施工阶段竣工验收是最重要的一次验收，验收时间通常在施工结束后进行。

验收的主要内容为：造林面积、造林成活率、造林树种、规格和数量等。

(四)项目总验收

项目总验收与施工阶段验收类似，分为由监理组织的预验收和由建设单位组织的正式验收两步。项目总验收重点是对苗木保存率的现场验收和苗木生长情况的评价。

四、营造林工程质量控制要点

营造林工程质量控制要点包括以下2个方面：

(一)把好原材料(苗木、肥料、药品等)关

1. 对原材供应单位进行资质审查

重点审查营业执照、有关主管部门颁发的种苗、肥料、农药经营许可证以及信誉情况等，以确保在造林季节能按时按量提供工程所需的原材料(苗木、肥料、药品等)。通过的原材料供应单位的审查，确保苗木等原材料来自于正规渠道，防止非适生区苗木和假原材料流入工地。

2. 原材料进场时监理人员到现场进行确认

承包单位在原材料进场前，要事先通知监理人员到场验收，监理人员应先查看随车质量证明文件，如苗木应查看"两证一签"，即苗木生产合格证、苗木检疫证、苗木标签。只有在随车质量证明文件齐全的前提下，方可允许卸车。在苗木卸车时，监理人员应进行旁站，与承包单位技术人员一道按设计要求对其质量和数量进行把关，凡不符合设计要求的苗木，应随车拉回，不得遗弃现场。

(二)把好工序关

在施工中，在每一道工序结束后，承包单位都要在自检合格的基础上，向监理机构报验，经监理人员验收合格签证确认后，方可进行下一道工序施工。

第二节　营造林工程进度控制

所谓营造林工程进度控制是指对营造林工程项目建设各阶段的工作内容、工作程序、持续时间和衔接关系根据进度总目标及资源优化配置的原则编制计划并付诸实施，然后在进度计划的实施过程中，经常检查实施进度是否按计划要求进行，对出现的偏差情况进行分析，采取补救措施或调整、修改原计划后再付诸实施，如此循环，直到竣工验收。

不同于其他建设工程，营造林工程有施工时间短，对季节要求严格等特点，因而对工期要求更为重要，更加强调进度控制。督促配合建设单位与承包单位做好前期准备工作，充分利用有限的人力、物质资源，加强管理，合理组织，按期完成造林工作，是监理人员进度控制的重要工作之一。

一、进度控制概述

(一)影响营造林工程施工进度的因素

从进度控制的概念可以看出，进度控制是一个动态控制过程，主动控制与被动控制相结合的过程。要想有效地控制施工进度，就必须对影响进度的因素进行全面、细致的分析和预测，这样才能做到进度控制工作有的放矢。

影响工程进度的不利因素很多，主要表现为以下几个方面：

1. 建设单位因素

如建设单位要求改变而进行的设计变更；应提供的施工场地不能及时提供或提供的场地不能满足施工正常需要；不能及时向承包单位支付工程款等；

2. 勘察设计因素

勘察设计资料不准确，设计有缺陷或错误，影响进度。如使用地形图过旧，实际地形与设计图不符，导致承包单位无法按计划组织施工；设计中所示土壤类型与实际不符，使实际工作量和工作难度加大；设计面积与实地面积不符；施工图纸提供不及时等。

3. 施工技术因素

如施工工艺错误，施工方案不合理；施工安全措施不当；不可靠的技术应用等。

4. 自然环境因素

如复杂的地质条件，强降雨、洪水、台风、干旱等不利的气象条件。

5. 社会环境因素

如施工场地相关利益群体的干扰，政策的变化等。

6. 组织管理因素

如提出的各种申请审批手续的延误，合同签订时遗漏条款、表达失当，计划安排不周密，组织协调不力，导致停工待料、相关作业脱节等。

7. 材料、设备因素

如苗木供应量与供应时间不能满足工程进度要求，施工设备不足或有故障等。

8. 资金因素

如相关方资金不到位、资金短缺等导致工程不能按进度进行。

(二)进度计划的表示方法

进度计划的表示方法有多种，常用的有横道图和网络图两种。营造林工程进度控制常用横道图法。

例如：某标段苗木栽植实行流水施工。整个过程分为3个工序：整地、施肥、栽植，各由不同专业施工队完成，且3个工序须按顺序进行。该标段共有2个小班，各工序先进行第一小班施工，再进行第二小班施工。各小班各工序所需时间见表2-2所示。

表2-2 各小班各工序所需时间表

	整地	施肥	栽植	备注
第一小班	3天	1天	2天	
第二小班	5天	2天	3天	

横道图如图2-1所示，横坐标表示流水施工的持续时间，纵坐标表示施工过程的名称或编号。n条带有编号的水平线段表示n个施工过程或专业工作队的施工进度安排，其编号①、②……表示不同的施工段。

横道图表示法的优点是：绘制简单，施工过程及其先后顺序表达清楚，时间和空间状况形象直观，使用方便，因而被广泛用来表达施工进度计划。

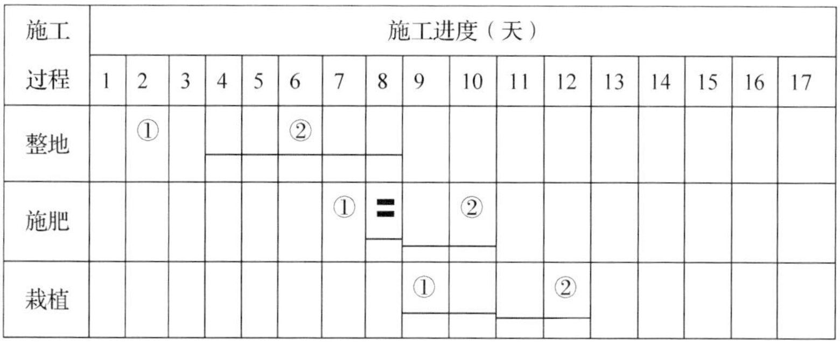

施工过程	施工进度（天）																
	1	2	3	4	5	6	7	8	9	10	11	12	13	14	15	16	17
整地		①				②											
施肥							①	▬		②							
栽植									①			②					

图 2-1 横道图

（三）实际进度与计划进度的比较方法

实际进度与计划进度的比较是工程建设进度监测的主要环节，比较的方法有很多种，营造林工程常用横道图比较法。营造林工程施工过程受外界因素影响很大，很难做到不同单位时间里的进展速度相等，所以在使用横道图比较法时，常采用非匀速进展横道图比较法。

采用非匀速进展横道图比较法时，其步骤如下：

(1) 编制横道图进度计划。

(2) 在横道线上方标出各主要时间工作计划完成任务量累计百分比。

(3) 在横道线下方标出相应工作时间的实际完成任务量累计百分比。

(4) 用涂黑粗线标出工作的实际进度，从开始之日标起，同时反映出该工作在实施过程中的连续与间断情况。

(5) 通过比较同一时刻实际完成任务量累计百分比和计划完成任务量累计百分比，判断工作实际进度与计划进度之间的关系。

①如果同一时刻横道线上方累计百分比大于横道线下方累计百分比，表明实际进度拖后，拖欠的任务量为两者之差。

②如果同一时刻横道线上方累计百分比小于横道线下方累计百分比，表明实际进度超前，超前的任务量为两者之差。

③如果同一时刻横道线上下方两个累计百分比相等，表明实际进度与计划进度一致。

可以看出，由于工作进展速度是变化的，采用非匀速进展横道图比较法，不仅可以进行某 时刻（如检查日期）实际进度与计划进度的比较，而且还能进行某一时间段实际进度与计划进度的比较。当然，这需要实施部门按规定的时间记录当时的任务完成情况。

例：某工程项目中的整地工作按施工进度计划安排需要 7 周完成，每周计划完成任务量百分比如图 2-2 所示。

(1) 编制横道图进度计划。如图 2-3 所示。

(2) 在横道线上方标出整地工作每周计划累计完成任务量的百分比，分别为 10%、25%、45%、65%、80%、90% 和 100%。

(3) 在横道线上方标出第一周至检查日期（第四周）每周实际累计完成任务量的百分比，分别为 8%、22%、42%、60%。

(4) 用涂黑粗线标出实际投入的时间。图 2-3 表明，该工作实际开始时间晚于计划开

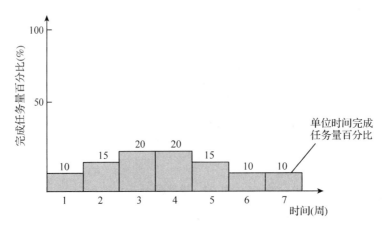

图 2-2　整地工作进展时间与完成任务量关系

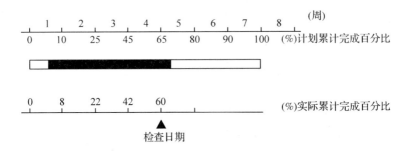

图 2-3　非匀速进展横道图比较

始时间，在开始后连续工作，没有中断。

（5）比较实际进度与计划进度。从图 2-3 可以看出，该工作在第一周实际进展比计划进度拖后 2%，以后各周末累计拖后分别为 3%、3% 和 5%。

横道图比较法具有记录和比较简单，形象直观，易于掌握，使用方便等优点，因而被广泛应用于简单的进度监测工作中。但由于这种比较方法以横道计划为基础，因而带有其不可克服的局限性。在横道计划中，各项工作之间的逻辑关系表达不明确。一旦某些工作实际进度出现偏差时，难以预测其对后续工作和工程总工期的影响，也就难以确定相应的进度计划调整方法。因此，横道图比较法主要用于工程项目中某些工作实际进度与计划进度的局部比较。

二、施工方式

考虑工程项目的施工特点、工艺流程、资源利用、平面或空间布置等要求，其施工可以采用依次、平行、流水等组织方式。

1. 依次施工

依次施工方式是将拟建工程项目中的每一个施工对象分解为若干个施工过程，按施工工艺要求依次完成每一个施工过程；当一个施工对象完成后，再按同样的顺序完成下一个施工对象，依次类推，直至完成所有施工对象。依次施工方式具有以下特点：

（1）没有充分地利用工作面进行施工，工期长。

(2)如果按专业成立工作队,则各专业队不能连续作业,有时间间歇,劳动力及施工机具等资源无法均衡使用。

(3)如果由一个工作队完成全部施工任务,则不能实现专业化施工,不利于提高劳动生产率和工程质量。

(4)单位时间内投入的劳动力、施工机具、材料等资源量较少,有利于资源供应的组织。

(5)施工现场的组织、管理比较简单。

2. 平行施工

平行施工方式是组织几个劳动组织相同的工作队,在同一时间、不同的空间,按施工工艺要求完成各施工对象。平行施工方式具有以下特点:

(1)充分地利用工作面进行施工,工期短。

(2)如果每一个施工对象均按专业成立工作队,劳动力及施工机具等资源无法均衡使用。

(3)如果由一个工作队完成一个施工对象的全部施工任务,则不能实现专业化施工,不利于提高劳动生产率。

(4)单位时间内投入的劳动力、施工机具、材料等资源量成倍地增加,不利于资源供应的组织。

(5)施工现场的组织管理比较复杂。

3. 流水施工

流水施工方式是将拟建工程项目中的每一个施工对象分解为若干个施工过程,并按照施工过程成立相应的专业工作队,各专业队按照施工顺序依次完成各个施工对象的施工过程,同时保证施工在时间和空间上连续、均衡和有节奏地进行,使相邻两专业队能最大限度地搭接作业。流水施工方式具有以下特点:

(1)尽可能地利用工作面进行施工,工期比较短。

(2)各工作队实现了专业化施工,有利于提高技术水平和劳动生产率。

(3)专业工作队能够连续施工,同时能使相邻专业队的开工时间最大限度地搭接。

(4)单位时间内投入的劳动力、施工机具、材料等资源量较为均衡,有利于资源供应的组织。

(5)为施工现场的文明施工和科学管理创造了有利条件。

三、营造林工程施工进度控制目标的确定

为了提高进度控制的主动性和有效性,项目监理单位在进行进度控制前要确定一个科学、合理的进度控制目标。

确定施工进度目标的主要依据有营造林工程建设总进度目标对施工工期的要求,类似营造林工程项目的实际进度,施工地形地质条件,工程难易程度,工程准备情况等。

四、营造林工程施工进度控制

营造林工程进度控制工作从审查施工进度计划开始,到工程养护期满为止。进度控制的最终目标是保证造林项目按期完成,交付业主。

(一)施工进度控制的主要工作内容

1. 编制施工进度控制工作细则

营造林工程监理施工进度控制工作方案在监理规划中体现,主要内容包括以下几点:

(1)施工进度控制的主要工作内容和工作深度。

(2)进度控制的人员及职责分工。

(3)进度控制的工作流程。

(4)进度控制的方法及具体措施。

(5)尚待解决的有关问题。

2. 审核施工进度计划

为了保证营造林工程按期完工,项目监理单位必须审核承包单位提交的施工进度计划,审核工作由项目监理单位的监理工程师完成。

(1)施工进度计划审核的主要内容

①工程的开工、竣工日期能否满足合同工期的要求。

②各施工工序是否衔接,有搭接的搭接是否合理。

③提出的施工进度计划中劳动力、工程材料、施工机械设备等资源的供应计划是否满足施工进度计划的需要,是否有劳动力、材料供给保障。

④工程进度总体是否较均衡。

⑤有分包的,总包、分包承包单位之间的协调是否合理。

⑥是否与业主制订的项目总进度计划相协调等。

(2)在审查施工进度计划的同时还应审查施工组织设计中的相关内容

①劳动力使用计划是否合理　营造林施工是一种劳动密集型活动,要求在很短的造林时间内调用远高于一般工程的劳动力数量。施工组织设计中应根据不同时段、不同工程、不同工序,合理安排劳动力的类型(如技术工人、普通工人等)、数量等。

②材料调配计划是否完整合理　种子、苗木、农药的品种、规格、数量及进场时间等,是否满足施工进度需要;水车、相关设备及施工机具、水、电等生产要素的供应计划是否能保证施工进度计划的实现,供应是否均衡。

③技术保障计划　是否提出施工各阶段技术指导、技术人员的安排,是否安排施工人员的岗前培训等。

④资金使用计划　对工程施工建设所需要的资金进行合理安排,主要包括材料、人工等费用的支出计划是否与工程进度计划相协调。

⑤由建设单位负责提供的场地、图纸、苗木及其他工、器具在施工进度计划中安排是否合理,是否存在由建设单位原因造成工期和费用索赔的可能。

审查发现问题,应及时向承包单位提出书面修改意见,并协助承包单位修改。其中重大问题应及时向业主汇报。

监理工程师对施工进度计划的审查或批准,并不解除承包单位对施工进度计划的任何责任和义务。

施工进度计划一经监理工程师确认,即应当视为合同文件的一部分,它是以后处理承包单位提出的工程延期或费用索赔的一个重要依据。

3. 下达工程开工令

总监理工程师应根据建设单位和承包单位的准备情况，在业主同意的情况下选择合适的时机签发工程开工令。

4. 协助承包单位实施进度计划

监理人员要随时了解施工进度计划执行过程中所存在的问题，并帮助承包单位予以解决。

5. 监督施工进度计划的实施

这是进度控制的经常性工作。监理工程师通过承包单位报送的施工进度报表和实地检查，将实际进度与计划进度相比较，以发现实际进度是否存在偏差。如果存在偏差，监理工程师应分析产生偏差的原因，制订纠偏措施，必要时还应对后期工程进度计划作适当调整。

6. 组织现场协调会

监理工程师应定期组织召开现场协调会议，以解决施工过程中需要相互协调、配合的事项。对于一些突发事件，监理工程师还可以通过发布紧急协调指令方式督促有关单位采取应急措施维护施工的正常秩序。

7. 及时签发工程进度款支付凭证

监理工程师应对承包单位申报的已完分项工程量进行核实，在监理人员检查验收后，总监理工程师审核确认，上报建设单位，建设单位同意后由总监理工程师签发工程进度款支付凭证，确保工程资金及时支付。

8. 审批工程延期

进度拖延分为两种情况，由于承包单位自身的原因导致的，称为工程延误；由承包单位以外的原因导致进度拖延称为工程延期。两种情况的处理方式不同。

对于工程延误，监理工程师应要求承包单位采取有效措施加快施工进度，如无明显改进，影响工程按期竣工时，监理工程师应要求承包单位修改进度计划，并提交给监理工程师重新确认。监理工程师对进度计划的确认，并不能解除承包单位应负的一切责任，承包单位需要承担赶工增加的各种开支和误期损失赔偿。

对于工程延期，承包单位应按程序提出延长工期的申请。总监理工程师应根据合同规定，审批工程延期时间。经总监理工程师核实批准的工程延期时间，应纳入合同工期，作为合同工期的一部分（新的合同工期应等于原定的合同工期加上监理工程师批准的工程延期时间）。

9. 向业主提供进度报告

监理工程师应随时整理进度资料，并做好工程记录，定期向业主提交工程进度报告。在营造林季节，进度情况在监理周报、监理月报中反映。

10. 督促承包单位整理技术资料

监理工程师要根据工程进展情况，督促承包单位及时、规范的整理有关技术资料。

11. 签署工程竣工报验单、提交质量评估报告

当单位工程达到竣工验收条件后，承包单位在自检合格的基础上向项目监理单位提交工程竣工报验单，申请竣工验收。总监理工程师在对竣工资料及工程实体进行全面检查、验收合格后，签署工程竣工报验单，并向业主提交质量评估报告。质量评估报告需要总监

理工程师和监理单位技术负责人共同签字。

12. 整理工程进度资料

在工程完工以后，总监理工程师组织专门的资料管理人员收集、整理进度资料并归档，以便为今后类似工程项目的进度控制提供参考。

13. 工程移交

在总验收以后，项目监理单位应督促承包单位办理工程移交手续，颁发工程移交证书。

(二) 施工进度计划实施中的检查

1. 施工进度的动态检查方式

在工程施工过程中，监理人员可以通过以下方式获得实际进展情况：

(1) 定期地、经常地收集由承包单位提交的有关进度报表资料。工程施工进度报表资料不仅是监理工程师实施进度控制的依据，同时也是其核对工程进度款的依据。由于营造林工程施工季节性较强，工期较短，项目监理单位应根据业主要求按期提供进度报表资料，在造林季节通常为一周一次。进度报表的格式由监理单位提供给承包单位，承包单位按时填写完成后提交监理工程师核查。

(2) 现场跟踪检查营造林工程的实际进展情况。为了避免承包单位超报已完工程量，驻地监理人员有必要进行现场实地检查和监督。项目监理单位应根据合同约定进行巡视，并做好相关记录。如果某一施工阶段或某一施工标段出现影响进度的异常情况时，应加强检查。除上述两种方式外，监理工程师应充分利用监理例会，与各承包单位负责人进行有效沟通，通过这种面对面的交谈，监理工程师可以从中了解到施工过程中的潜在问题，以便及时采取相应的措施加以预防。

2. 施工进度的检查方法

施工进度检查的主要方法是对比法。即将经过整理的实际进度数据与计划进度数据进行比较，从中发现是否出现偏差及进度偏差的大小。通过检查分析，如果是进度偏差较小，应在分析原因的基础上采取有效措施，解决矛盾、排除障碍，继续执行原进度计划；如果经过努力，确实不能按原计划实现时，再考虑对原计划进行必要的调整。

(三) 督促承包单位采取措施加快进度

当实际进度拖后于计划进度时，项目监理单位应要求承包单位采取有效措施加快施工进度，以确保造林工程按期完成。可以采取的措施有：

1. 组织措施

(1) 增加工作面，组织更多的施工队伍多点同时施工。

(2) 增加每天的施工时间。

(3) 在工作面能够满足的情况下，增加劳动力和施工机械数量。

2. 技术措施

(1) 改进施工工艺和施工技术。

(2) 改进施工方法，最大限度的进行工序搭接。

(3) 采用更先进的施工机械。

3. 经济措施

(1) 及时办理工程预付款及工程进度款支付手续，避免由业主不及时支付工程款而造成工期拖延。

（2）对应急赶工给予优厚的赶工费用。

（3）对工期提前给予奖励。

（4）对工程延误收取误期损失赔偿金。

4. 其他配套措施

（1）改善外部配合条件。

（2）改善劳动条件。

（3）实施强有利的调度等。

五、工程延期

（一）工程延期和工程延误

工期的延长分为工程延误和工程延期两种。虽然它们都是工程拖期，但由于性质不同，因而业主与承包单位所承担的责任也不同。

（1）工程延误。损失由承包单位承担。同时，业主还有权对承包单位施行误期违约罚款。

（2）工程延期。承包单位不仅有权要求延长工期，而且还有权向业主提出赔偿费用的要求以弥补由此造成的额外损失。

（二）工期延长的处理

1. 工程延期的处理

监理工程师对于施工进度的拖延，是否批准为工程延期，对承包单位和业主都十分重要。如果承包单位得到监理工程师批准的工程延期，不仅可以不赔偿由于工期延长而支付的误期损失费，而且还要由业主承担由于工期延长所增加的费用。因此，监理工程师应按照合同的有关规定，公正的区分工程延误和工程延期，并合理地批准工程延期时间。

由于营造林工程的特殊性，所以在监理过程中一般不给工程延期的批准，如遇特殊情况必须延期的应按国家相关标准与程序进行。

在整个施工期内，监理人员应加强工程延期的控制，及时提醒业主履行施工承包合同中所规定的职责，尽量避免由业主原因造成的工程拖延。如：提醒并协助业主做好施工前场地的准备工作；由业主负责采购或提供材料及施工设备的应提醒或协助业主按期提供并保证其质量；提醒业主按时支付工程预付款、进度款；提醒业主尽量减少无谓的变更；协助承包单位做好小班边界的确认工作，避免因业主提供的图纸原因导致工期的拖延等。

当工程延期事件不可避免地发生后，项目监理单位应妥善处理延期事件，避免承包单位由此提出索赔并保证工程按期完工。

2. 工期延误的处理

如果由于承包单位自身的原因造成工期拖延，监理工程师应下达监理通知要求其采取有效措施加快进度。如承包单位不按照监理工程师的指令改变拖延状态时，通常可以采用下列手段进行处理：

（1）拒绝签署付款凭证。

（2）误期损失赔偿。

（3）取消承包资格。

六、营造林工程进度控制的要点

进度控制的目的是通过组织、技术、经济、合同等措施,实现工程按计划实施,在规定工期内完成绿化造林任务。进度控制要点主要包括以下5个方面:

(1)协助建设单位做好设计优化和施工前期准备工作,防止因建设单位前期工作准备不充分而影响工程的开工,而造成对工程进度的影响。

(2)做好承包单位编写的施工组织设计、进度计划的审查工作。

(3)在施工过程中要对承包单位施工的人员、机械的数量以及每日工作进度情况的监控。

(4)定期将实际施工进度与进度计划进行比较,如发现有延误,应向监理工程师报告,与承包单位协商采取措施,防止影响总工期。

(5)通过资金拨付手段对承包单位的施工进度进行控制。

第三节 营造林工程投资控制

营造林工程投资控制是指在投资决策阶段、设计阶段、发包阶段、施工阶段以及竣工阶段,把营造林工程投资控制在批准的投资限额(投资目标值)以内,随时纠正发生的偏差,以保证项目投资管理目标的实现,以求在营造林工程中能合理使用人力、物力、财力,取得较好的投资效益和社会效益。

一、投资控制概述

(一)建设工程投资的概念和特点

1. 建设工程项目投资的概念

建设工程项目投资是指进行某项工程建设花费的全部费用。生产性建设工程项目总投资包括建设投资和铺底流动资金两部分;非生产性建设工程项目总投资则只包括建设投资。

建设投资,由设备及工器具购置费、建筑安装工程费、工程建设其他费用、预备费(包括基本预备费和涨价预备费)和建设期利息组成。

设备及工器具购置费,是指按照建设工程设计文件要求,建设单位(或其委托单位)购置或自制达到固定资产标准的设备和新、扩建项目配置的首套工器具及生产家具所需的费用。设备及工器具购置费由设备原价、工器具原价和运杂费(包括设备成套公司服务费)组成。在生产性建设工程中,设备及工器具投资主要表现为其他部门创造的价值向建设工程中的转移,但这部分投资是建设工程项目投资中的积极部分,它占项目投资比重的提高,意味着生产技术的进步和资本有机构成的提高。

建筑安装工程费,是指建设单位用于建筑和安装工程方面的投资,它由建筑工程费和安装工程费两部分组成。建筑工程费是指建设工程涉及范围内的建筑物、构筑物、场地平整、道路、室外管道铺设、大型土石方工程费用等。安装工程费是指主要生产、辅助生产、公用工程等单项工程中需要安装的机械设备、电器设备、专用设备、仪器仪表等设备的安装及配件工程费,以及工艺、供热、供水等各种管道、配件、闸门和供电外线安装工程费用等。

工程建设其他费用，是指未纳入以上两项的费用。根据设计文件要求和国家有关规定应由项目投资支付的、为保证工程建设顺利完成和交付使用后能够正常发挥效用而发生的一些费用。工程建设其他费用可分为3类：第一类是土地使用费，包括土地征用及迁移补偿费和土地使用权出让金；第二类是与项目建设有关的费用，包括建设单位管理费、勘察设计费、研究试验费、建设工程监理费等；第三类是与未来企业生产经营有关的费用，包括联合试运转费、生产准备费、办公和生活家具购置费等。

建设投资可分为静态投资部分和动态投资部分。静态投资部分由建筑安装工程费、设备及工器具购置费、工程建设其他费和基本预备费构成。动态投资部分，是指在建设期内，因建设期利息和国家新批准的税费、汇率、利率变动以及建设期价格变动引起的建设投资增加额，包括涨价预备费和建设期利息。

工程造价，一般是指一项工程预计开支或实际开支的全部固定资产投资费用，在这个意义上工程造价与建设投资的概念是一致的。因此，我们在讨论建设投资时，经常使用工程造价这个概念。需要指出的是，在实际应用中工程造价还有另一种含义，那就是指工程价格，即为建成一项工程，预计或实际在土地市场、设备市场、技术劳务市场以及承包市场等交易活动中所形成的建筑安装工程的价格和建设工程的总价格。

2. 建设工程项目投资的特点

建设工程项目投资的特点是由建设工程项目的特点决定的。

(1)建设工程项目投资数额巨大，上千万至数十亿。建设工程项目投资数额巨大的特点使它关系到国家、行业或地区的重大经济利益，对国计民生也会产生重大的影响。从这一点也说明了建设工程投资管理的重要意义。

(2)建设工程项目投资差异明显。每个建设工程项目都有其特定的用途、功能、规模，每项工程的结构、空间分割、设备配置和内外装饰都有不同的要求，工程内容和实物形态都有其差异性。同样的工程处于不同的地区或不同的时段在人工、材料、机械消耗上也有差异。所以，建设工程项目投资的差异十分明显。

(3)建设工程项目投资需单独计算。每个建设工程项目都有专门的用途，所以其结构、面积、造型和装饰也不尽相同。即使是用途相同的建设工程项目，技术水平、建筑等级和建筑标准也有所差别。建设工程项目还必须在结构、造型等方面适应项目所在地的气候、地质、水文等自然条件，这就使建设工程项目的实物形态千差万别。再加上不同地区构成投资费用的各种要素的差异，最终导致建设工程项目投资的千差万别。因此，建设工程项目只能通过特殊的程序(编制估算、概算、预算、合同价、结算价及最后确定竣工决算等，就每个项目单独计算其投资)。

(4)建设工程项目投资确定依据复杂。建设工程项目投资的确定依据繁多，关系复杂。在不同的建设阶段有不同的确定依据，且互为基础和指导，互相影响。如预算定额是概算定额(指标)编制的基础，概算定额(指标)又是估算指标编制的基础；反过来，估算指标又控制概算定额(指标)的水平，概算定额(指标)又控制预算定额的水平。这些都说明了建设工程项目投资的确定依据复杂的特点。

(5)建设工程项目投资确定层次繁多。凡是按照一个总体设计进行建设的各个单项工程汇集的总体即为一个建设工程项目。在建设工程项目中凡是具有独立的设计文件、竣工后可以独立发挥生产能力或工程效益的工程为单项工程,也可将它理解为具有独立存在意义的完整的工程项目。各单项工程又可分解为各个能独立施工的单位工程。考虑到组成单位工程的各部分是由不同工人用不同工具和材料完成的,又可以把单位工程进一步分解为分部工程。然后还可按照不同的施工方法、构造及规格,把分部工程更细致地分解为分项工程。此外,需分别计算分部分项工程投资、单位工程投资、单项工程投资,最后才能汇总形成建设工程项目投资。可见建设工程项目投资的确定层次繁多。

(6)建设工程项目投资需动态跟踪调整。每个建设工程项目从立项到竣工都有一个较长的建设期,在此期间都会出现一些不可预料的变化因素,对建设工程项目投资产生影响。如工程设计变更,设备、材料、人工价格变化,国家利率、汇率调整,因不可抗力出现或因承包方、发包方原因造成的索赔事件出现等,必然要引起建设工程项目投资的变动。所以,建设工程项目投资在整个建设期内都属于不确定的,需随时进行动态跟踪、调整,直至竣工决算后才能真正确定建设工程项目投资。

(二)投资控制目标

投资控制目标设置是随着工程建设实践的不断深入而分阶段设置的。如图2-4。

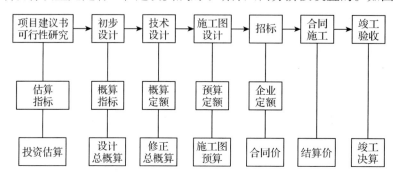

图2-4 营造林工程投资确定示意图

如图2-4可以看出营造林工程设计方案选择和进行初步设计的投资控制目标是投资估算;技术设计和施工图设计的投资控制目标是设计概算;施工阶段投资控制的目标是施工图预算或工程承包合同价。各个阶段的目标值不同,共同组成建设工程投资控制的目标系统。

目前我国营造林工程监理主要是在施工阶段,施工阶段的投资控制目标是承包合同价。

(三)影响工程投资偏差的因素

要想做好投资控制,事前应该了解并认真分析营造林工程建设中容易造成投资发生偏差的因素,做好相应的控制措施,才能更好地做到主动控制与被动控制相结合,事前控制与事中事后控制相结合,最终达到工程保质按期完成且不超支的目的。

一般情况下,造成营造林工程投资偏差的原因有物价上涨、设计原因、业主原因、施工原因及客观原因5个方面。

(1)物价上涨。人工涨价、材料涨价、设备涨价等。

(2)设计原因。设计错误、设计漏项、设计标准变化、图纸提供不及时等。

(3)业主原因。增加内容、投资规划不当、组织不落实、建设手续不全、协调不佳、未及时提供场地等。

(4)施工原因。施工方案不当、材料代用、施工质量有问题、赶进度、工期拖延等。

(5)客观原因。自然因素、社会原因、法规变化等。

二、建筑安装工程费用的组成与计算

（一）按费用构成要素划分的建筑安装工程费用项目组成

按照费用构成要素划分，建筑安装工程费（图2-5）由人工费、材料（包含工程设备，下同）费、施工机具使用费、企业管理费、利润、规费和税金组成。其中人工费、材料费、施工机具使用费、企业管理费和利润包含在分部分项工程费、措施项目费、其他项目费中。

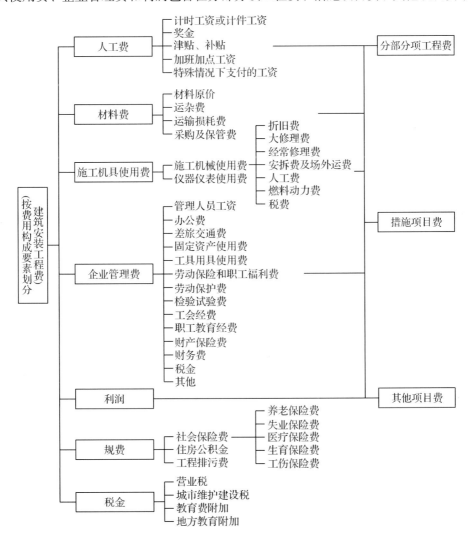

图2-5　按费用构成要素划分的建筑安装工程费用项目组成

（二）按造价形成划分的建筑安装工程费用项目组成

建筑安装工程费按照工程造价形成（图2-6）由分部分项工程费、措施项目费、其他项目费、规费、税金组成。其他项目费包含人工费、材料费、施工机具使用费、企业管理费和利润。

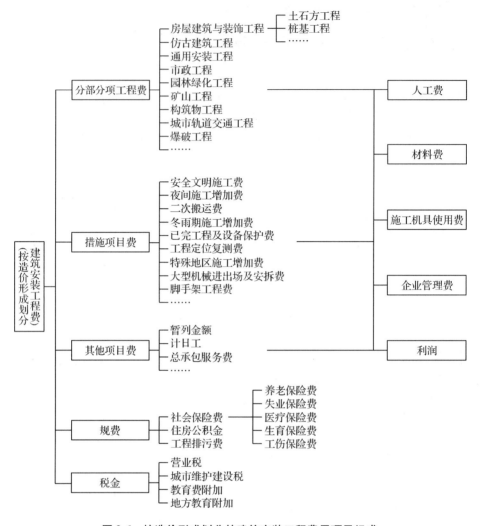

图 2-6 按造价形成划分的建筑安装工程费用项目组成

(三)建筑安装工程费用计算方法
1. 各费用构成要素计算方法
(1)人工费

$$人工费 = \sum(工日消耗量 \times 日工资单价) \quad (2-1)$$

$$日工资单价 = \frac{生产工人平均月工资(计时、计件) + 平均月(资金 + 津贴补贴 + 特殊情况下支付的工资)}{年平均每月法定工作日}$$

$$(2-2)$$

(2)材料费
①材料费

$$材料费 = \sum(材料消耗量 \times 材料单价)$$

$$材料单价 = [(材料原价 + 运杂费) \times (1 + 运输损耗率(\%))] \times [1 + 采购保管费率(\%)]$$

$$(2-3)$$

②工程设备费

$$工程设备费 = \sum(工程设备量 \times 工程设备单价)$$

$$工程设备单价 = (设备原价 + 运杂费) \times [1 + 采购保管费率(\%)] \quad (2-4)$$

(3)施工机械使用费

$$施工机械使用费 = \sum(施工机械台班消耗量 \times 机械台班单价) \quad (2-5)$$

$$机械台班单价 = 台班折旧费 + 台班大修费 + 台班经常修理费 +$$

$$台班安拆费及场外运费 + 台班人工费 + 台班燃料动力费 + 台班车船税费 \quad (2-6)$$

①折旧费

$$台班折旧费 = \frac{机械预算价格 \times (1 - 残值率)}{耐用总台班数}$$

$$耐用总台班数 = 折旧年限 \times 年工作台班 \quad (2-7)$$

②大修理费

$$台班大修理费 = \frac{一次大修理费 \times 大修次数}{耐用总台班数} \quad (2-8)$$

(4)仪器仪表使用费

$$仪器仪表使用费 = 工程使用的仪器仪表摊销费 + 维修费 \quad (2-9)$$

(5)企业管理费费率

① 以分部分项工程费为计算基础

$$企业管理费费率(\%) = \frac{生产工人年平均管理费}{年有效施工天数 \times 人工单价} \times 人工费占分部分项工程费比例(\%)$$

$$(2-10)$$

② 以人工费和机械费合计为计算基础

$$企业管理费费率(\%) = \frac{生产工人年平均管理费}{年有效施工天数 \times (人工单价 + 每一工日机械使用费)} \times 100\%$$

$$(2-11)$$

③ 以人工费为计算基础

$$企业管理费费率(\%) = \frac{生产工人年平均管理费}{年有效施工天数 \times 人工单价} \times 100\% \quad (2-12)$$

(6)利润

① 施工企业根据企业自身需求并结合建筑市场实际自主确定,列入报价中。

② 工程造价管理机构在确定计价定额中利润时,应以定额人工费或定额人工费与定额机械费之和作为计算基数,其费率根据历年工程造价积累的资料,并结合建筑市场实际确定,以单位(单项)工程测算,利润在税前建筑安装工程费的比重可按不低于5%且不高于7%的费率计算。利润应列入分部分项工程和措施项目中。

(7)规费

① 社会保险费和住房公积金　社会保险费和住房公积金应以定额人工费为计算基础,根据工程所在地省、自治区、直辖市或行业建设主管部门规定费率计算。

$$社会保险费和住房公积金 = \sum(工程定额人工费 \times 社会保险费率和住房公积金费率)$$

$$(2-13)$$

式中:社会保险费率和住房公积金费率可按每万元发承包价的生产工人人工费、管理人员工资含量与工程所在地规定的缴纳标准综合分析取定。

② 工程排污费　工程排污费等其他应列而未列入的规费应按工程所在地环境保护等部门规定的标准缴纳，按实际情况列入。

(8) 税金

$$税金 = 税前造价 \times 综合税率(\%) \qquad (2-14)$$

综合税率：

①纳税地点在市区的企业

$$综合税率(\%) = \frac{1}{1-3\%-(3\%\times7\%)-(3\%\times3\%)-(3\%\times2\%)} = 3.48\%$$

②纳税地点在县城、镇的企业

$$综合税率(\%) = \frac{1}{1-3\%-(3\%\times5\%)-(3\%\times3\%)-(3\%\times2\%)} = 3.41\%$$

③纳税地点不在市区、县城、镇的企业

$$综合税率(\%) = \frac{1}{1-3\%-(3\%\times1\%)-(3\%\times3\%)-(3\%\times2\%)} = 3.28\%$$

④实行营业税改增值税的，按纳税地点现行税率计算。

(四) 建筑安装工程计价方法

1. 分部分项工程费

$$分部分项工程费 = \sum(分部分项工程量 \times 综合单价) \qquad (2-15)$$

式中：综合单价包括人工费、材料费、施工机具使用费、企业管理费和利润以及一定范围的风险费用(下同)。

2. 措施项目费

(1) 国家计量规范规定应予计量的措施项目，其计算公式为：

$$措施项目费 = \sum(措施项目工程量 \times 综合单价) \qquad (2-16)$$

(2) 国家计量规范规定不宜计量的措施项目计算方法如下：

①安全文明施工费

$$安全文明施工费 = 计算基数 \times 安全文明施工费费率(\%) \qquad (2-17)$$

计算基数应为定额基价(定额分部分项工程费+定额中可以计量的措施项目费)、定额人工费或(定额人工费+定额机械费)，其费率由工程造价管理机构根据各专业工程的特点综合确定。

②夜间施工增加费

$$夜间施工增加费 = 计算基数 \times 夜间施工增加费费率(\%) \qquad (2-18)$$

③ 二次搬运费

$$二次搬运费 = 计算基数 \times 二次搬运费费率(\%) \qquad (2-19)$$

④ 冬雨期施工增加费

$$冬雨期施工增加费 = 计算基数 \times 冬雨期施工增加费费率(\%) \qquad (2-20)$$

⑤ 已完工程及设备保护费

$$已完工程及设备保护费 = 计算基数 \times 已完工程及设备保护费费率(\%) \qquad (2-21)$$

上述②~⑤项措施项目的计费基数应为定额人工费或(定额人工费+定额机械费)，其费率由工程造价管理机构根据各专业工程特点和调查资料综合分析后确定。

3. 其他项目费

(1) 暂列金额由建设单位根据工程特点，按有关计价规定估算。施工过程中由建设单位掌握使用、扣除合同价款调整后如有余额,归建设单位。

(2)计日工由建设单位和施工企业按施工过程中的签证计价。

(3)总承包服务费由建设单位在招标控制价中根据总包服务范围和有关计价规定编制,施工企业投标时自主报价,施工过程中按签约合同价执行。

4. 规费和税金

建设单位和施工企业均应按照省、自治区、直辖市或行业建设主管部门发布的标准计算规费和税金,不得作为竞争性费用。

三、投资控制方案的制订

在进行投资控制之前,项目监理单位应根据承包单位提交的施工组织设计及业主的资金使用计划制订出投资控制方案,以确保投资控制成效。营造林工程监理投资控制方案在监理规划中体现。

四、工程量清单介绍

(一)工程量清单概述

工程量清单是载明建设工程分部分项工程项目、措施项目、其他项目的名称和相应数量以及规费、税金项目等内容的明细清单。

工程量清单分为以下2类:

1. 招标工程量清单

招标人依据国家标准、招标文件、设计文件以及施工现场实际情况编制的,随招标文件发布供投标报价的工程量清单,包括其说明和表格。

2. 已标价工程量清单

构成合同文件组成部分的投标文件中已标明价格,经算术性错误修正(如有)且承包人已确认的工程量清单,包括其说明和表格。

(二)工程量清单的作用

1. 在招投标阶段

招标工程量清单为投标人的投标竞争提供了一个平等和共同的基础。工程量清单将要求投标人完成的工程项目及其相应工程实体数量全部列出,为投标人提供拟建工程的基本内容、实体数量和质量要求等信息。这使所有投标人所掌握的信息相同,受到的待遇是客观、公正和公平的。

2. 工程量清单是建设工程计价的依据

在招标投标过程中,招标人根据工程量清单编制招标工程的招标控制价;投标人按照工程量清单所表述的内容,依据企业定额计算投标价格,自主填报工程量清单所列项目的单价与合价。

3. 工程量清单是工程付款和结算的依据

发包人根据承包人是否完成工程量清单规定的内容以投标时在工程量清单中所报的单价作为支付工程进度款和进行结算的依据。

4. 工程量清单是调整工程量、进行工程索赔的依据

在发生工程变更、索赔、增加新的工程项目等情况时,可以选用或者参照工程量清单中的分部分项工程或计价项目与合同单价来确定变更项目或索赔项目的单价和相关费用。

（三）工程量清单的适用范围

（1）工程量清单适用于建设工程发承包及实施阶段的计价活动，包括工程量清单的编制、招标控制价的编制、投标报价的编制、工程合同价款的约定、工程施工过程中计量与合同价款的支付、索赔与现场签证、竣工结算的办理和合同价款争议的解决以及工程造价鉴定等活动。

（2）现行计价规范规定，使用国有资金投资的工程建设工程发承包项目，必须采用工程量清单计价。

（3）对于非国有资金投资的工程建设项目，是否采用工程量清单方式计价由项目业主自主确定。当确定采用工程量清单计价时，则按现行计价规范规定执行；对于不采用工程量清单计价的建设工程，除不执行工程量清单计价的专门性规定外，仍应执行现行计价规范规定的工程价款调整、工程计量和价款支付、索赔与现场签证、竣工结算以及工程造价争议处理等条文。

五、营造林工程施工阶段的投资控制

营造林工程施工阶段的投资控制目标是承包合同价。项目监理单位在施工阶段进行投资控制的原理是把投资计划值与实际值比较，通过比较找出偏差，分析偏差产生的原因，采取有效的纠偏措施，以保证投资控制目标的实现。此过程是一个循环的动态控制过程。

（一）工程计量

1. 工程计量的概念

工程计量是指根据业主提供的施工图纸、工程量清单和其他文件，项目监理单位对承包单位申报的在设计图纸范围内的合格工程量进行核验并鉴认的过程。

经过项目监理单位计量确定的数量是建设单位向承包单位支付款项的凭证，所以，工程计量是控制项目投资支出的关键环节，项目监理单位应认真做好工程计量工作，做到不超计、不漏计。

2. 工作计量的依据

监理人员在现场签认的工程质量合格证书、工程量清单及技术规范和设计图纸。

3. 工程计量的原则

（1）达到合同标准的已完工程给予计量，质量不达标的不予计量。

（2）在设计图纸范围内，符合设计标准的合格产品给予计量，超出图纸范围不予计量。

（3）工程变更增加的工程量给予计量，承包单位擅自增加的工程量不予计量。

（4）质量超出合同要求标准的按合同要求标准价计量。

（5）由承包单位原因造成返工的工程量不予计量。

（二）工程变更价款的确定

工程项目实施过程中，由于多方面原因，经常会发生工程变更的情况。

设计单位、业主、监理单位和承包单位均可提出工程变更。不论哪方提出工程变更，都应按规定程序完成变更手续。

因非承包单位原因，工程变更导致的费用增减问题，由总监理工程师组织建设单位与承包单位协商确定，力争达成一致意见。

(三)施工索赔

索赔是指在合同履行过程中,对于非己方的过错而应由对方承担责任的情况造成的损失,向对方提出补偿的要求。

索赔的控制是营造林工程施工阶段投资控制的重要手段。项目监理单位应及时收集、整理有关工程费用的原始资料,包括施工合同、采购合同、工程变更单、监理记录、监理工作联系单等,为处理费用索赔提供证据。

1. 承包人向发包人的索赔

(1)不利的自然条件与人为障碍引起的索赔。

(2)工程变更引起的索赔。

(3)工期延期的费用索赔。

(4)加速施工费用的索赔。

(5)发包人不正当地终止工程而引起的索赔。

(6)法律、货币及汇率变化引起的索赔。

(7)拖延支付工程款的索赔。

(8)业主的风险。

(9)不可抗力。

2. 发包人向承包人的索赔

由于承包人不履行或不完全履行约定的义务,或者由于承包人的行为使发包人受到损失时,发包人可向承包人提出索赔。

(1)工期延误索赔。

(2)质量不满足合同要求索赔。

(3)承包人不履行的保险费用索赔。

(4)对超额利润的索赔。

(5)发包人合理终止合同或承包人不正当地放弃工程的索赔。

(四)合同价款支付

营造林工程价款支付包括预付款的支付与扣回、施工进度款、竣工结算等。

1. 预付款的支付与扣回

预付款是施工合同订立后由发包人按照合同约定,在正式开工前预付给承包人的工程款,是施工准备资金的主要来源。

对营造林工程来讲,是否实行预付款取决于工程量的大小及发包人在招标文件中的约定。如果采用预付款的,发包人应按合同约定向承包方支付预付款,多数情况下不应低于合同价的10%,不应高于合同价的30%。承包人应将预付款专用于合同工程。支付的预付款,按合同约定在工程进度款中分批扣回。

2. 进度款

进度款是指在施工过程中,按逐月(或形象进度、或控制界面等)完成的工程数量计算的各项费用总和。由于造林成活率、保存率在工程建设期内常有变化,需要长期管理,所以营造林工程进度款多按形象进度(施工阶段)支付。进度款支付的时间、程序和方法,在合同中有明确约定,发、承包双方应按合同约定严格执行。

3. 竣工结算

营造林工程全部结束后,发、承包双方必须在合同约定的时间内办理工程竣工结算。

(五)投资偏差分析

为了有效地控制投资,监理人员必须定期地进行投资计划(目标)值与实际值的比较。当实际值偏离计划值时,分析产生该偏差的原因,并采取适当的纠偏措施,以利于投资控制目标的实现。

营造林工程多采用固定总价合同,在产生投资偏差的5个方面的原因(图2-7)中,业主方的不当行为产生的投资偏差,是监理纠偏的主要对象。

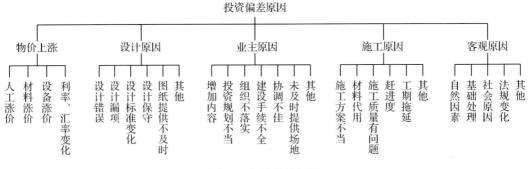

图2-7 投资偏差原因

六、营造林工程投资控制要点

(1)对原材料(苗木、肥料、药品等)采购价格进行控制。

(2)按照设计做好计量工作,要做到不超计、不漏计。营造林工程的计量主要是造林树种、规格以及造林密度、面积的计量工作。

(3)严格控制工程变更。林业的特殊性决定了营造林工程的设计不能像其他工程那样做到很精细,所以在营造林工程建设过程中,工程变更是不可避免的。监理人员对工程变更的控制,主要是与建设单位和设计单位进行沟通,在不突破总投资的基础上,进行调整性的变更。

(4)通过进度款的审核拨付,对投资进行控制。对进度款的审核,应以承包单位实际完成的工作量(栽植数量、成活率、保存率)为依据。

第三章

营造林工程监理的合同与信息管理

第一节 建设工程合同管理的任务

一、建设工程合同管理的目标

建设工程合同是承包人实施工程建设活动，发包人支付价款或酬金的协议。建设工程合同的顺利履行是建设工程质量、投资和工期的基本保障，不但对建设工程合同当事人有重要的意义和社会公共利益、公众的生命健康都有重要的意义。合同管理的目标包括发展和完善建筑市场、推进建筑领域的改革、提高工程建设的管理水平、避免和克服建筑领域的经济违法和犯罪。

二、建设工程合同的种类

建筑市场中的各方主体，包括建设单位、勘察设计单位、承包单位、咨询单位、监理单位、材料设备供应单位等。这些主体都要依靠合同确立相互之间的关系。在这些合同中，有些属于建设工程合同，有些则是属于与建设工程相关的合同。建设工程合同可以从不同的角度进行分类。

（一）按承、发包的不同范围和数量分类

从承、发包的不同范围和数量进行划分，可以将建设工程合同分为建设工程设计施工总承包合同、工程施工承包合同、施工分包合同。发包人将工程建设的勘察、设计、施工等任务发包给一个承包人的合同，即为建设工程设计施工总承包合同；发包人将全部或部分施工任务发包给一个承包人的合同，即为施工承包合同；承包人经发包人认可，将承包的工程中部分施工任务交与其他人完成而订立的合同，即为施工分包合同。

（二）按完成承包的内容分类

按完成承包的内容进行划分，建设工程合同可以分为建设工程勘察合同、建设工程设计合同和建设工程施工合同3类。

三、建设工程合同的特征

（一）合同主体的严格性

建设工程合同主体一般是法人。发包人一般是经过批准进行工程项目建设的法人，必须有国家批准建设项目，落实的投资计划，并且应当具备相应的协调能力。承包人则必须具备法人资格，而且应当具备相应的从事勘察设计、施工、监理等资质。无营业执照或无承包资质的单位不能作为建设工程合同的主体，资质等级低的单位不能越级承包建设工程。

（二）合同标的的特殊性

建设工程合同的标的是各类建筑产品。建筑产品是不动产，其基础部分与大地相连，不能移动。这就决定了每个建设工程合同的标的都是特殊的，相互间具有不可替代性。这还决定了承包人工作的流动性。建筑物所在地就是勘察、设计、施工生产的场地，施工队伍、施工机械必须围绕建筑产品不断移动。另外，建筑产品的类别庞杂，其外观、结构、使用目的、使用人都各不相同，这就要求每一个建筑产品都需单独设计和施工（即使可重复利用标准设计或重复使用图纸，也应采取必要的修改设计才能施工，即建筑产品是单体性生产，这也决定了建设工程合同标的的特殊性。

（三）合同履行期限的长期性

建设工程由于结构复杂、体积大、建筑材料类型多、工作量大，使得合同履行期限都较长（与一般工业产品的生产相比）。建设工程合同的订立和履行一般都需要较长的准备期。在合同的履行过程中，还可能因为不可抗力、工程变更、材料供应不及时等原因而导致合同期限顺延。所有这些情况，决定了建设工程合同的履行期限具有长期性。

（四）计划和程序的严格性

由于工程建设对国家的经济发展、公民的工作和生活都有重大的影响，因此，国家对建设工程的计划和程序都有严格的管理制度。订立建设工程合同必须以国家批准的投资计划为前提，即使是国家投资以外的、以其他方式筹集的投资也要受到当年的贷款规模和批准限额的限制，纳入当年投资规模的平衡，并经过严格的审批程序。建设工程合同的订立和履行还必须符合国家关于工程建设程序的规定。

（五）合同形式的特殊要求

我国《合同法》对合同形式确立了以不要式为主的原则，即在一般情况下对合同形式采用书面形式还是口头形式没有限制。但是，考虑到建设工程的重要性和复杂性，在建设过程中经常会发生影响合同履行的纠纷，因此《合同法》要求建设工程合同应当采用书面形式，即采用要式合同。

四、招标投标与合同的关系

在工程建设领域，招标投标与合同管理是改革开放初期的两项重要改革。在市场经济建设中，两者是相辅相成的，两者缺一不可。

招标投标能够体现建筑市场交易中的公平、公开、公正。合同则是招标投标竞争内容的明确化。通过招标投标和订立合同，保障工程建设能够更好地完成。

第二节　建设工程合同管理的基本方法

一、严格执行建设工程合同管理法律法规

应当说，随着我国《民法通则》《合同法》《招标投标法》《建筑法》的颁布和实施，建设工程合同管理法律已基本健全。但是，在实践中，这些法律的执行还存在着很大的问题，

其中既有勘察、设计、承包单位转包、违法分包和不认真执行工程建设强制性标准、偷工减料、忽视工程质量的问题，也有监理单位监理不到位的问题，还有建设单位不认真履行合同，特别是拖欠工程款的问题。市场经济条件下，要求我们在建设工程合同管理时要严格依法进行。这样，我们的管理行为才能有效，才能提高我们的建设工程合同管理的水平，才能解决建设领域存在的诸多问题。

二、普及相关法律知识，培训合同管理人才

在市场经济条件下，工程建设领域的从业人员应当增强合同观念和合同意识，这就要求我们普及相关法律知识，培训合同管理人才。不论是施工合同中的监理工程师，还是建设工程合同的当事人，以及涉及有关合同的各类人员，都应当熟悉合同的相关法律知识，增强合同观念和合同意识，努力做好建设工程合同管理工作。

三、设立合同管理机构，配备合同管理人员

加强建设工程合同管理，应当设立合同管理机构，配备合同管理人员。一方面，建设工程合同管理工作，应当作为建设行政管理部门的管理内容之一；另一方面，建设工程合同当事人内部也要建立合同管理机构。特别是建设工程合同当事人内部，不但应当建立合同管理机构，还应当配备合同管理人员，建立合同台账、统计、检查和报告制度，提高建设工程合同管理的水平。

四、建立合同管理目标制度

合同管理目标，是指合同管理活动应当达到的预期结果和最终目的。建设工程合同管理需要设立管理目标，并且管理目标可以分解为管理的各个阶段的目标。合同的管理目标应当落到实处。为此，还应当建立建设工程合同管理的评估制度。这样，才能有效地督促合同管理人员提高合同管理的水平。

五、推行合同示范文本制度

推行合同示范文本制度，一方面有助于当事人了解、掌握有关法律、法规，使具体实施项目的建设工程合同符合法律法规的要求，避免缺款少项，防止出现显失公平的条款，也有助于当事人熟悉合同的运行；另一方面，有利于行政管理机关对合同的监督，有助于仲裁机构或者人民法院及时裁判纠纷，维护当事人的利益。使用标准化的范本签订合同，对完善建设工程合同管理制度起到了极大的推动作用。

第三节 施工准备阶段的合同管理

一、发包人的义务

为了保障承包人按约定的时间顺利开工，发包人应按合同约定的责任完成满足开工的准备工作。

(一)提供施工场地

1. 施工现场

发包人应及时完成施工场地的征用、移民、拆迁工作，按专用合同条款约定的时间和范围向承包人提供施工场地。施工场地包括永久工程用地和施工的临时占地，施工场地的移交可以一次完成，也可以分次移交，以不影响单位工程的开工为原则。

2. 地下管线和地下设施的相关资料

发包人应按专用条款约定及时向承包人提供施工场地范围内地下管线和地下设施等有关资料。地下管线包括供水、排水、供电、供气、供热、通信、广播电视等的埋设位置，以及地下水文、地质等资料。发包人应保证资料的真实、准确、完整，但不对承包人据此判断、推论错误导致编制施工方案的后果承担责任。

3. 现场外的道路通行权

发包人应根据合同工程的施工需要，负责办理取得出入施工场地的专用和临时道路的通行权，以及取得为工程建设所需修建场外设施的权利，并承担有关费用。

(二)组织设计交底

发包人应根据合同进度计划，组织设计单位向承包人和监理人对提供的施工图纸和设计文件进行交底，以便承包人制订施工方案和编制施工组织设计。

(三)约定开工时间

考虑到不同行业和项目的差异，标准施工合同的通用条款中没有将开工时间作为合同条款，具体工程项目可根据实际情况在合同协议书或专用条款中约定。

二、承包人的义务

(一)现场查勘

承包人在投标阶段仅依据招标文件中提供的资料和较概略的图纸编制了供评标的施工组织设计或施工方案。签订合同协议书后，承包人应对施工场地和周围环境进行查勘，核对发包人提供的有关资料，并进一步收集相关的地质、水文、气象条件、交通条件、风俗习惯以及其他为完成合同工作有关的当地资料，以便编制施工组织设计和专项施工方案。在全部合同施工过程中，应视为承包人已充分估计了应承担的责任和风险，不得再以不了解现场情况为理由而推脱合同责任。

对现场查勘中发现的实际情况与发包人所提供资料有重大差异之处，应及时通知监理人，由其做出相应的指示或说明，以便明确合同责任。

(二)编制施工实施计划

1. 施工组织设计

承包人应按合同约定的工作内容和施工进度要求，编制施工组织设计和施工进度计划，并对所有施工作业和施工方法的完备性、安全性、可靠性负责。按照《建设工程安全生产管理条例》规定，在施工组织设计中应针对深基坑工程、地下暗挖工程、高大模板工程、高空作业工程、深水作业工程、大爆破工程的施工编制专项施工方案。对于前3项危险性较大的分部分项工程的专项施工，还需经5人以上专家论证方案的安全性和可靠性。

施工组织设计完成后，按专用条款的约定，将施工进度计划和施工方案说明报送监理人审批。

2. 质量管理体系

承包人应在施工场地设置专门的质量检查机构，配备专职质量检查人员，建立完善的质量检查制度。在合同约定的期限内，提交工程质量保证措施文件，包括质量检查机构的组织和岗位责任、质检人员的组成、质量检查程序和实施细则等，报送监理人审批。

3. 环境保护措施计划

承包人在施工过程中，应遵守有关环境保护的法律和法规，履行合同约定的环境保护义务，按合同约定的环保工作内容，编制施工环保措施计划，报送监理人审批。

（三）施工现场内的交通道路和临时工程

承包人应负责修建、维修、养护和管理施工所需的临时道路，以及为开始施工准备所需的临时工程和必要的设施，满足开工的要求。

（四）施工控制网

承包人依据监理人提供的测量基准点、基准线和水准点及其书面资料，根据国家测绘基准、测绘系统和工程测量技术规范以及合同中对工程精度的要求，测设施工控制网，并将施工控制网点的资料报送监理人审批。

承包人在施工过程中负责管理施工控制网点，对丢失或损坏的施工控制网点应及时修复，并在工程竣工后将施工控制网点移交发包人。

（五）提出开工申请

承包人的施工前期准备工作满足开工条件后，向监理人提交工程开工报审表。开工报审表应详细说明按合同进度计划正常施工所需的施工道路、临时设施、材料设备、施工人员等施工组织措施的落实情况以及工程的进度安排。

三、监理人的职责

（一）审查承包人的实施方案

1. 审查的内容

监理人对承包人报送的施工组织设计、质量管理体系、环境保护措施进行认真的审查，批准或要求承包人对不满足合同要求的部分进行修改。

2. 审查进度计划

监理人对承包人的施工组织设计中的进度计划审查，不仅要看施工阶段的时间安排是否满足合同要求，更应评审拟采用的施工组织、技术措施能否保证计划的实现。监理人审查后，应在专用条款约定的期限内，批复或提出修改意见，否则该进度计划视为已得到批准。经监理人批准的施工进度计划称为"合同进度计划"。

监理人为了便于工程进度管理，可以要求承包人在合同进度计划的基础上编制并提交分阶段和分项的进度计划，特别是合同进度计划关键线路上的单位工程或分部工程的详细施工计划。

3. 合同进度计划

合同进度计划是控制合同工程进度的依据，对承包人、发包人和监理人均有约束力，不仅要求承包人按计划施工，还要求发包人的材料供应、图纸发放等不应造成施工延误，以及监理人应按照计划进行协调管理。合同进度计划的另一重要作用是，施工进度受到非承包人责任原因的干扰后，判定是否应给承包人顺延合同工期的主要依据。

（二）签发开工通知

1. 发出开工通知的条件

当发包人的开工前期工作已完成且临近约定的开工日期时，应委托监理人按专用条款约定的时间向承包人发出开工通知。如果约定的开工已到期但发包人应完成的开工配合义务尚未完成（如现场移交延误），由于监理人不能按时发出开工通知，则要顺延合同工期并赔偿承包人的相应损失。如果发包人开工前的配合工作已完成且约定的开工日期已到期，但承包人的开工准备还不满足开工条件，监理人仍应按时发出开工的指示，合同工期不予顺延。

2. 发出开工通知的时间

监理人征得发包人同意后，应在开工日期7天前向承包人发出开工通知，合同工期自开工通知中载明的开工日起计算。

第四节 施工阶段的合同管理

一、合同履行涉及的几个时间期限

（一）合同工期

"合同工期"指承包人在投标函内承诺完成合同工程的时间期限，以及按照合同条款通过变更和索赔程序应给予顺延工期的时间之和。合同工期的作用是用于判定承包人是否按期竣工的标准。

（二）施工期

承包人施工期从监理人发出的开工通知中写明的开工日起算，至工程接收证书中写明的实际竣工日止。以此期限与合同工期比较，判定是提前竣工还是延误竣工。延误竣工承包人承担拖期赔偿责任，提前竣工是否应获得奖励需视专用条款中是否有约定。

（三）缺陷责任期

缺陷责任期从工程接收证书中写明的竣工日开始起算，期限视具体工程的性质和使用条件的不同在专用条款内约定（一般为1年）。对于合同内约定有分部移交的单位工程，按提前验收的该单位工程接收证书中确定的竣工日为准，起算时间相应提前。

由于承包人拥有施工技术、设备和施工经验，缺陷责任期内工程运行期间出现的工程缺陷，承包人应负责修复，直到检验合格为止。修复费用以缺陷原因的责任划分，经查验属于发包人原因造成的缺陷，承包人修复后可获得查验、修复的费用及合理利润。如果承包人不能在合理时间内修复缺陷，发包人可以自行修复或委托其他人修复，修复费用由缺陷原因的责任方承担。

承包人责任原因产生的较大缺陷或损坏，致使工程不能按原定目标使用，经修复后需要再行检验或试验时，发包人有权要求延长该部分工程或设备的缺陷责任期。影响工程正常运行的有缺陷工程或部位，在修复检验合格日前已经过的时间归于无效，重新计算缺陷责任期，但包括延长时间在内的缺陷责任期最长时间不得超过2年。

（四）保修期

保修期自实际竣工日起算，发包人和承包人按照有关法律、法规的规定，在专用条款内约定工程质量保修范围、期限和责任。对于提前验收的单位工程起算时间相应提前。承包人对保修期内出现的不属于其责任原因的工程缺陷，不承担修复义务。

二、施工进度管理

(一)合同进度计划的动态管理

为了保证实际施工过程中承包人能够按计划施工，监理人通过协调保障承包人的施工不受到外部或其他承包人的干扰，对已确定的施工计划要进行动态管理。标准施工合同的通用条款规定，不论何种原因造成工程的实际进度与合同进度计划不符，包括实际进度超前或滞后于计划进度，均应修订合同进度计划，以使进度计划具有实际的管理和控制作用。

承包人可以主动向监理人提交修订合同进度计划的申请报告，并附有关措施和相关资料，报监理人审批；监理人也可以向承包人发出修订合同进度计划的指示，承包人应按该指示修订合同进度计划后报监理人审批。

监理人应在专用合同条款约定的期限内予以批复。如果修订的合同进度计划对竣工时间有较大影响或需要补偿额超过监理人独立确定的范围时，在批复前应取得发包人同意。

(二)可以顺延合同工期的情况

1. 发包人原因延长合同工期

通用条款中明确规定，由于发包人原因导致的延误，承包人有权获得工期顺延和(或)费用加利润补偿的情况包括：

(1)增加合同工作内容。

(2)改变合同中任何一项工作的质量要求或其他特性。

(3)发包人迟延提供材料、工程设备或变更交货地点。

(4)因发包人原因导致的暂停施工。

(5)提供图纸延误。

(6)未按合同约定及时支付预付款、进度款。

(7)发包人造成工期延误的其他原因。

2. 异常恶劣的气候条件

按照通用条款的规定，出现专用合同条款约定的异常恶劣气候条件导致工期延误，承包人有权要求发包人延长工期。监理人处理气候条件对施工进度造成不利影响的事件时，应注意两条基本原则：

(1)正确区分气候条件对施工进度影响的责任。判明因气候条件对施工进度产生影响的持续期间内，属于异常恶劣气候条件有多少天。如土方填筑工程的施工中，因连续降雨导致停工15天，其中6天的降雨强度超过专用条款约定的标准构成延长合同工期的条件，而其余9天的停工或施工效率降低的损失，属于承包人应承担的不利气候条件风险。

(2)异常恶劣气候条件的停工是否影响总工期异常恶劣气候条件导致的停工是进度计划中的关键工作，则承包人有权获得合同工期的顺延。如果被迫暂停施工的工作不在关键线路上且总时差多于停工天数，仍然不必顺延合同工期，但对施工成本的增加可以获得补偿。

(三)承包人原因的延误

未能按合同进度计划完成工作时,承包人应采取措施加快进度,并承担加快进度所增加的费用。由于承包人原因造成工期延误,承包人应支付逾期竣工违约金。

订立合同时,应在专用条款内约定逾期竣工违约金的计算方法和逾期违约金的最高限额。专用条款说明中建议,违约金计算方法约定的日拖期赔偿额,可采用每天为多少钱或每天为签约合同价的千分之几;最高赔偿限额为签约合同价的3%。

(四)暂停施工

1. 暂停施工的责任

施工过程中发生被迫暂停施工的原因,可能源于发包人的责任,也可能属于承包人的责任。通用条款规定,承包人责任引起的暂停施工,增加的费用和工期由承包人承担;发包人暂停施工的责任,承包人有权要求发包人延长工期和(或)增加费用,并支付合理利润。

2. 暂停施工程序

(1)停工。监理人根据施工现场的实际情况,认为必要时可向承包人发出暂停施工的指示,承包人应按监理人指示暂停施工。不论由于何种原因引起的暂停施工,监理人应与发包人和承包人协商,采取有效措施积极消除暂停施工的影响。暂停施工期间由承包人负责妥善保护工程并提供安全保障。

(2)复工。当工程具备复工条件时,监理人应立即向承包人发出复工通知,承包人收到复工通知后,应在指示的期限内复工。承包人无故拖延和拒绝复工,由此增加的费用和工期延误由承包人承担。因发包人原因无法按时复工时,承包人有权要求延长工期和(或)增加费用,以及合理利润。

(3)紧急情况下的暂停施工。由于发包人的原因发生暂停施工的紧急情况,且监理人未及时下达暂停施工指示,承包人可先暂停施工并及时向监理人提出暂停施工的书面请求。监理人应在接到书面请求后的24h内予以答复,逾期未答复视为同意承包人的暂停施工请求。

(五)发包人要求提前竣工

如果发包人根据实际情况向承包人提出提前竣工要求,由于涉及合同约定的变更,应与承包人通过协商达成提前竣工协议作为合同文件的组成部分。协议的内容应包括:承包人修订进度计划及为保证工程质量和安全采取的赶工措施;发包人应提供的条件;所需追加的合同价款;提前竣工给发包人带来效益应给承包人的奖励等。专用条款使用说明中建议,奖励金额可为发包人实际效益的20%。

三、施工质量管理

(一)质量责任

(1)因承包人原因造成工程质量达不到合同约定验收标准,监理人有权要求承包人返工直至符合合同要求为止,由此造成的费用增加和(或)工期延误由承包人承担。

(2)因发包人原因造成工程质量达不到合同约定验收标准,发包人应承担由于承包人返工造成的费用增加和(或)工期延误,并支付承包人合理利润。

（二）承包人的管理

1. 项目部的人员管理

（1）质量检查制度。承包人应在施工场地设置专门的质量检查机构，配备专职质量检查人员，建立完善的质量检查制度。

（2）规范施工作业的操作程序。承包人应加强对施工人员的质量教育和技术培训，定期考核施工人员的劳动技能，严格执行规范和操作规程。

（3）撤换不称职的人员。当监理人要求撤换不能胜任本职工作、行为不端或玩忽职守的承包人项目经理和其他人员时，承包人应予以撤换。

2. 质量检查

（1）材料和设备的检验。承包人应对使用的材料和设备进行进场检验和使用前的检验，不允许使用不合格的材料和有缺陷的设备。承包人应按合同约定进行材料、工程设备和工程的试验和检验，并为监理人对材料、工程设备和工程的质量检查提供必要的试验资料和原始记录。按合同约定由监理人与承包人共同进行试验和检验的，承包人负责提供必要的试验资料和原始记录。

（2）施工部位的检查。承包人应对施工工艺进行全过程的质量检查和检验，认真执行自检、互检和工序交叉检验制度，尤其要做好工程隐蔽前的质量检查。承包人自检确认的工程隐蔽部位具备覆盖条件后，通知监理人在约定的期限内检查，承包人的通知应附有自检记录和必要的检查资料。经监理人检查确认质量符合隐蔽要求，并在检查记录上签字后，承包人才能进行覆盖。监理人检查确认质量不合格的，承包人应在监理人指示的时间内修整或返工后，由监理人重新检查。承包人未通知监理人到场检查，私自将工程隐蔽部位覆盖，监理人有权指示承包人钻孔探测或揭开检查，由此增加的费用和（或）工期延误由承包人承担。

（3）现场工艺试验。承包人应按合同约定或监理人指示进行现场工艺试验。对大型的现场工艺试验，监理人认为必要时，应由承包人根据监理人提出的工艺试验要求，编制工艺试验措施计划，报送监理人审批。

（三）监理人的质量检查和试验

（1）与承包人的共同检验和试验。

（2）监理人指示的检验和试验。

（四）对发包人提供的材料和工程设备管理

承包人应根据合同进度计划的安排，向监理人报送要求发包人交货的日期计划。发包人应按照监理人与合同双方当事人商定的交货日期，向承包人提交材料和工程设备，并在到货7天前通知承包人。承包人会同监理人在约定的时间内，在交货地点共同进行验收。发包人提供的材料和工程设备验收后，由承包人负责接收、保管和施工现场内的二次搬运所发生的费用。发包人要求向承包人提前接货的物资，承包人不得拒绝，但发包人应承担承包人由此增加的保管费用。发包人提供的材料和工程设备的规格、数量或质量不符合合同要求，或由于发包人原因发生交货日期延误及交货地点变更等情况时，发包人应承担由此增加的费用和（或）工期延误，并向承包人支付合理利润。

（五）对承包人施工设备的控制

承包人使用的施工设备不能满足合同进度计划或质量要求时，监理人有权要求承包人增加或更换施工设备，增加的费用和工期延误由承包人承担。承包人的施工设备和临时设施应专用于合同工程，未经监理人同意，不得将施工设备和临时设施中的任何部分运出施工场地或挪作他用。对目前闲置的施工设备或后期不再使用的施工设备，经监理人根据合同进度计划审核同意后，承包人方可将其撤离施工现场。

四、工程款支付管理

（一）通用条款中涉及支付管理的几个概念

标准施工合同的通用条款对涉及支付管理的几个涉及价格的用词做出了明确的规定。

1. 合同价格

（1）签约合同价。

（2）合同价格。

两者的区别表现为，签约合同价是写在协议书和中标通知书内的固定数额，作为结算价款的基数；而合同价格是承包人最终完成全部施工和保修义务后应得的全部合同价款，包括施工过程中按照合同相关条款的约定，在签约合同价基础上应给承包人补偿或扣减的费用之和。因此只有在最终结算时，合同价格的具体金额才可以确定。

2. 签订合同时签约合同价内尚不确定的款项

（1）暂估价。

（2）暂列金额。

3. 费用和利润

通用条款内对费用的定义为，履行合同所发生的或将要发生的不计利润的所有合理开支，包括管理费和应分摊的其他费用。合同条款中费用涉及两个方面：一是施工阶段处理变更或索赔时，确定应给承包人补偿的款额；二是按照合同责任应由承包人承担的开支。通用条款中很多涉及应给予承包人补偿的事件，分别明确调整价款的内容为"增加的费用"，或"增加的费用及合理利润"。导致承包人增加开支的事件如果属于发包人也无法合理预见和克服的情况，应补偿费用但不计利润；若属于发包人应予控制而未做好的情况，如因图纸资料错误导致的施工放线返工，则应补偿费用和合理利润。利润可以通过工程量清单单价分析表中相关子项标明的利润或拆分报价单费用组成确定，也可以在专用条款内具体约定利润占费用的百分比。

4. 质量保证金

质量保证金（保留金）是将承包人的部分应得款扣留在发包人手中，用于因施工原因修复缺陷工程的开支项目。发包人和承包人需在专用条款内约定两个值：一是每次支付工程进度款时应扣质量保证金的比例（例如10%）；二是质量保证金总额，可以采用某一金额或签约合同价的某一百分比（通常为5%）。质量保证金从第一次支付工程进度款时开始起扣，从承包人本期应获得的工程进度付款中，扣除预付款的支付、扣回以及因物价浮动对合同价格的调整3项金额后的款额为基数，按专用条款约定的比例扣留本期的质量保证金。累计扣留达到约定的总额为止。质量保证金用于约束承包人在施工阶段、竣工阶段和缺陷责任期内，均必须按照合同要求对施工的质量和数量承担约定的责任。如果对施工期内承包人修复工程缺陷的费用从工程进度款内扣除，可能影响承包人后期施工的资金周转，因此规定质量保证金从第一次支付工程进度款时起扣。监理人在缺陷责任期满颁发缺陷责任终止证书后，承包人向发包人申请到期应返还承包人质量保证金的金额，发包人应在 14 天内会同承包人按照合同约定的内容核实承包人是否完成缺陷修复责任。如无异议，发包人应当在核实后将剩余质量保证金返还承包人。如果约定的缺陷责任期满时，承包人还没有完成全部缺陷修复或部分单位工程延长的缺陷责任期尚未到期，发包人有权扣留与未履行缺陷责任剩余工作所需金额相应的质量保证金。

(二) 外部原因引起的合同价格调整

1. 物价浮动的变化

施工工期 12 个月以上的工程，应考虑市场价格浮动对合同价格的影响，由发包人和承包人分担市场价格变化的风险。通用条款规定用公式法调价，但仅适用于工程量清单中单价支付部分。在调价公式的应用中，有以下几个基本原则：

(1) 在每次支付工程进度款计算调整差额时，如果得不到现行价格指数，可暂用上一次价格指数计算，并在以后的付款中再按实际价格指数进行调整。

(2) 由于变更导致合同中调价公式约定的权重变得不合理时，由监理人与承包人和发包人协商后进行调整。

(3) 因非承包人原因导致工期顺延，原定竣工日后的支付过程中，调价公式继续有效。

(4) 因承包人原因未在约定的工期内竣工，后续支付时应采用原约定竣工日与实际支付日的两个价格指数中，较低的一个作为支付计算的价格指数。

(5) 人工、机械使用费按照国家或省、自治区、直辖市建设行政管理部门、行业建设管理部门或其授权的工程造价管理机构发布的人工成本信息、机械台班单价或机械使用费系数进行调整；需要调整价格的材料，以监理人复核后确认的材料单价及数量，作为调整工程合同价格差额的依据。

2. 法律法规的变化

基准日后，因法律、法规变化导致承包人的施工费用发生增减变化时，监理人根据法律、国家或省、自治区、直辖市有关部门的规定，监理人采用商定或确定的方式对合同价款进行调整。

(三) 工程量计量

已完成合格工程量计量的数据，是工程进度款支付的依据。工程量清单或报价单内承包工作的内容，既包括单价支付的项目，也可能有总价支付部分，如设备安装工程的施工。单价支付与总价支付的项目在计量和付款中有较大区别。单价子目已完成工程量按月计量；总价子目的计量周期按批准承包人的支付分解报告确定。

(四) 工程进度款的支付

1. 进度付款申请单

承包人应在每个付款周期末，按监理人批准的格式和专用条款约定的份数，向监理人提交进度付款申请单，并附相应的支持性证明文件。通用条款中要求进度付款申请单的内容包括：

(1) 截至本次付款周期末已实施工程的价款。

(2) 变更金额。

(3) 索赔金额。

(4) 本次应支付的预付款和扣减的返还预付款。

(5) 本次扣减的质量保证金。
(6) 根据合同应增加和扣减的其他金额。

2. 进度款支付证书

监理人在收到承包人进度付款申请单以及相应的支持性证明文件后的14天内完成核查，提出发包人到期应支付给承包人的金额以及相应的支持性材料。经发包人审查同意后，由监理人向承包人出具经发包人签认的进度付款证书。监理人有权扣发承包人未能按照合同要求履行任何工作或义务的相应金额，如扣除质量不合格部分的工程款等。通用条款规定，监理人出具的进度付款证书，不应视为监理人已同意、批准或接受了承包人完成的该部分工作，在对以往历次已签发的进度付款证书进行汇总和复核中发现错、漏或重复的，监理人有权予以修正，承包人也有权提出修正申请。经双方复核同意的修正，应在本次进度付款中支付或扣除。

3. 进度款的支付

发包人应在监理人收到进度付款申请单后的28天内，将进度应付款支付给承包人。发包人不按期支付，按专用合同条款的约定支付逾期付款违约金。

五、施工安全管理

（一）发包人的施工安全责任

发包人应按合同约定履行安全管理职责，授权监理人按合同约定的安全工作内容监督、检查承包人安全工作的实施，组织承包人和有关单位进行安全检查。发包人应对其现场机构全部人员的工伤事故承担责任，但由于承包人原因造成发包人人员工伤的，应由承包人承担责任。发包人应负责赔偿工程或工程的任何部分对土地的占用所造成的第三者财产损失，以及由于发包人原因在施工场地及其毗邻地带造成的第三者人身伤亡和财产损失负责赔偿。

（二）承包人的施工安全责任

承包人应按合同约定的安全工作内容，编制施工安全措施计划报送监理人审批，按监理人的指示制订应对灾害的紧急预案，报送监理人审批。承包人还应按预案做好安全检查，配置必要的救助物资和器材，切实保护好有关人员的人身和财产安全。施工过程中负责施工作业安全管理，特别应加强易燃易爆材料、火工器材、有毒与腐蚀性材料和其他危险品的管理，加强爆破作业和地下工程施工等危险作业的管理。严格按照国家安全标准制订施工安全操作规程，配备必要的安全生产和劳动保护设施，加强对承包人员的安全教育，并发放安全工作手册和劳动保护用具。合同约定的安全作业环境及安全施工措施所需费用已包括在相关工作的合同价格中；因采取合同未约定的安全作业环境及安全施工措施增加的费用，由监理人按商定或确定方式予以补偿。承包人对其履行合同所雇佣的全部人员，包括分包人员的工伤事故承担责任，但由于发包人原因造成承包人员的工伤事故，应由发包人承担责任。由于承包人原因在施工场地内及其毗邻地带造成的第三者人员伤亡和财产损失，由承包人负责赔偿。

（三）安全事故处理程序

(1) 通知。
(2) 及时采取减损措施。

(3)报告。

六、变更管理

施工过程中出现的变更包括监理人指示的变更和承包人申请的变更两类。监理人可按通用条款约定的变更程序向承包人做出变更指示,承包人应遵照执行。没有监理人的变更指示,承包人不得擅自变更。

(一)变更的范围和内容

标准施工合同通用条款规定的变更范围包括:

(1)取消合同中任何一项工作,但被取消的工作不能转由发包人或其他人实施。

(2)改变合同中任何一项工作的质量或其他特性。

(3)改变合同工程的基线、标高、位置或尺寸。

(4)改变合同中任何一项工作的施工时间或改变已批准的施工工艺或顺序。

(5)为完成工程需要追加的额外工作。

(二)监理人指示变更

监理人根据工程施工的实际需要或发包人要求实施的变更,可以进一步划分为直接指示的变更和通过与承包人协商后确定的变更两种情况。

1. 直接指示的变更

直接指示的变更属于必须实施的变更,如按照发包人的要求提高质量标准、设计错误需要进行的设计修改、协调施工中的交叉干扰等情况。此时不需征求承包人意见,监理人经过发包人同意后发出变更指示要求承包人完成变更工作。

2. 与承包人协商后确定的变更

此类情况属于可能发生的变更,与承包人协商后再确定是否实施变更,如增加承包范围外的某项新增工作或改变合同文件中的要求等。

(三)承包人申请变更

承包人提出的变更可分为建议变更和要求变更两类。

(1)承包人建议的变更。

(2)承包人要求的变更。

(四)变更估价

1. 变更估价的程序

承包人应在收到变更指示或变更意向书后的 14 天内,向监理人提交变更报价书,详细开列变更工作的价格组成及其依据,并附必要的施工方法说明和有关图纸。变更工作如果影响工期,承包人应提出调整工期的具体细节。监理人收到承包人变更报价书后的 14 天内,根据合同约定的估价原则,商定或确定变更价格。

2. 变更的估价原则

(1)已标价工程量清单中有适用于变更工作的子目,采用该子目的单价计算变更费用。

(2)已标价工程量清单中无适用于变更工作的子目,但有类似子目,可在合理范围内参照类似子目的单价,由监理人商定或确定变更工作的单价。

(3)已标价工程量清单中无适用或类似子目的单价,可按照成本加利润的原则,由监理人商定或确定变更工作的单价。

(五)不利物质条件的影响

不利物质条件属于发包人应承担的风险,指承包人在施工场地遇到的不可预见的自然物质条件、非自然的物质障碍和污染物,包括地下和水文条件,但不包括气候条件。

承包人遇到不利物质条件时,应采取适应不利物质条件的合理措施继续施工,并通知监理人。监理人应当及时发出指示,构成变更的,按变更对待。监理人没有发出指示,承包人因采取合理措施而增加的费用和工期延误,由发包人承担。

七、索赔管理

(一)承包人的索赔

1. 承包人提出索赔要求

承包人根据合同认为有权得到追加付款和(或)延长工期时,应按规定程序向发包人提出索赔。承包人应在引起索赔事件发生的后28天内,向监理人递交索赔意向通知书,并说明发生索赔事件的事由。承包人未在前述28天内发出索赔意向通知书,丧失要求追加付款和(或)延长工期的权利。承包人应在发出索赔意向通知书后28天内,向监理人递交正式的索赔通知书,详细说明索赔理由以及要求追加的付款金额和(或)延长的工期,并附必要的记录和证明材料。对于具有持续影响的索赔事件,承包人应按合理时间间隔陆续递交延续的索赔通知,说明连续影响的实际情况和记录,列出累计的追加付款金额和(或)工期延长天数。在索赔事件影响结束后的28天内,承包人应向监理人递交最终索赔通知书,说明最终要求索赔的追加付款金额和延长的工期,并附必要的记录和证明材料。

2. 监理人处理索赔

监理人收到承包人提交的索赔通知书后,应及时审查索赔通知书的内容、查验承包人的记录和证明材料,必要时监理人可要求承包人提交全部原始记录副本。监理人首先应争取通过与发包人和承包人协商达成索赔处理的一致意见,如果分歧较大,再单独确定追加的付款和(或)延长的工期。监理人应在收到索赔通知书或有关索赔的进一步证明材料后的42天内,将索赔处理结果答复承包人。承包人接受索赔处理结果,发包人应在做出索赔处理结果答复后28天内完成赔付。承包人不接受索赔处理结果的,按合同争议解决。

3. 承包人提出索赔的期限

竣工阶段发包人接受了承包人提交并经监理人签认的竣工付款证书后,承包人不能再对施工阶段、竣工阶段的事项提出索赔要求。缺陷责任期满承包人提交的最终结清申请单中,只限于提出工程接收证书颁发后发生的索赔。提出索赔的期限至发包人接受最终结清证书时止,即合同终止后承包人就失去索赔的权利。

(二)发包人的索赔

1. 发包人提出索赔

发包人的索赔包括承包人应承担责任的赔偿扣款和缺陷责任期的延长。发生索赔事件后,监理人应及时书面通知承包人,详细说明发包人有权得到的索赔金额和(或)延长缺陷责任期的细节和依据。发包人提出索赔的期限对承包人的要求相同,即颁发工程接收证书后,不能再对施工期间的事件索赔;最终结清证书生效后,不能再就缺陷责任期内的事件索赔,因此延长缺陷责任期的通知应在缺陷责任期届满前提出。

2. 监理人处理索赔

监理人也应首先通过与当事人双方协商争取达成一致，分歧较大时在协商基础上确定索赔的金额和缺陷责任期延长的时间。承包人应付给发包人的赔偿款从应支付给承包人的合同价款或质量保证金内扣除，也可以由承包人以其他方式支付。

八、违约责任

通用条款对发包人和承包人违约的情况及处理分别做了明确的规定。

（一）承包人的违约

1. 违约情况

（1）私自将合同的全部或部分权利转让给其他人，将合同的全部或部分义务转移给其他人。

（2）未经监理人批准，私自将已按合同约定进入施工场地的施工设备、临时设施或材料撤离施工场地。

（3）使用不合格材料或工程设备，工程质量达不到标准要求，又拒绝清除不合格工程。

（4）未能按合同进度计划及时完成合同约定的工作，已造成或预期造成工期延误。

（5）缺陷责任期内未对工程接收证书所列缺陷清单的内容或缺陷责任期内发生的缺陷进行修复，又拒绝按监理人指示再进行修补。

（6）承包人无法继续履行或明确表示不履行或实质上已停止履行合同。

（7）承包人不按合同约定履行义务的其他情况。

2. 承包人违约的处理

发生承包人不履行或无力履行合同义务的情况时，发包人可通知承包人立即解除合同。对于承包人违反合同规定的情况，监理人应向承包人发出整改通知，要求其在指定的期限内改正。承包人应承担其违约所引起的费用增加和（或）工期延误。监理人发出整改通知28天后，承包人仍不纠正违约行为，发包人可向承包人发出解除合同通知。

3. 因承包人违约解除合同

（1）发包人进驻施工现场。

（2）合同解除后的结算。

（3）承包人已签订其他合同的转让。

（二）发包人的违约

1. 违约情况

（1）发包人未能按合同约定支付预付款或合同价款，或拖延、拒绝批准付款申请和支付凭证，导致付款延误。

（2）发包人原因造成停工的持续时间超过56天以上。

（3）监理人无正当理由没有在约定期限内发出复工指示，导致承包人无法复工。

（4）发包人无法继续履行或明确表示不履行或实质上已停止履行合同。

（5）发包人不履行合同约定的其他义务。

2. 发包人违约的处理

（1）承包人有权暂停施工。

（2）违约解除合同。

（3）因发包人违约解除合同。

第五节　营造林工程监理合同管理

一、施工阶段合同管理主要措施

（1）掌握合同内容，熟悉合同各方的责、权、利。认真履行合同中监理的职责范围、任务，处理好各方关系。

（2）认真做好工程资料的收集、整理工作，建立完善的档案资料，为工程的索赔和反索赔提供有理、有力依据；严格审查索赔金额。

（3）根据合同及相关法令的规定，积极处理好建设单位与承包单位之间的关系，解决争端，处理违约事宜。

二、施工阶段合同管理的主要内容

（1）进行工程变更管理。监理工程师进场后将对施工合同文件，设计文件进行全面细致地研究，并对设计文件进行现场核查，发现问题及时向建设单位提出，并研究处理。如果承包单位申请变更，需要按规定的程序向监理工程师申报，经监理单位、设计单位和委托人批准变更后执行。

（2）进行工程延期管理。监理单位按照合同规定，对符合合同条件的工程延期事件给予受理；监理单位受理承包人在合约规定期限内提出的工程延期申请；在工程延期事件发生后，监理工程师应注意施工合同中对处理工程延期的各种时限要求。

（3）处理费用索赔。监理工程师对导致索赔的原因有充分的预测和防范；加强合同管理防止干扰事件的发生；对已发生的干扰事件及时采取措施，以降低索赔事件的影响及经济损失；参与索赔的处理过程，审核索赔报告，对承包人不合理的索赔要求或索赔要求中不合理的部分，依据合同予以处理。

（4）处理违约。在监理过程中，发现违约事件可能发生时，应及时提醒有关项目建设各方，防止或减少违约事件发生；对已发生的违约事件，要以事实为根据，以合同约定为准则，公平处理；处理时要认真听取各方意见，在与双方充分协商的基础上确定解决方案。

第六节　营造林工程监理信息管理

一、信息管理的涵义

在实施监理的过程中，监理工程师对所需要的信息进行收集、整理、处理、分析、存储、传递、应用等一系列的工作统称为信息管理。信息的形式多种多样，有电子文件、纸质文件、图片、影像、声像等，在工作过程中，以文件资料为主。项目监理单位应根据要求和实际需要对相应的信息进行管理。

营造林工程监理离不开工程信息管理，信息管理是项目监理单位的主要工作内容之一,也是完成四大控制目标(质量目标、进度目标、投资目标和安全目标)任务的主要方法之一。

二、信息管理的主要内容

1. 收集工程信息

收集工程信息是信息管理的第一项活动。收集的对象包括动态信息和反馈信息。收集的信息必须真实、可靠、准确、及时、有用,并保持信息的完整性。

2. 加工处理信息

将收集的信息,用手工或借助电子计算机进行加工处理,形成新的、用于管理的信息。要对这些信息进行分类、排队、筛选、计算处理、分析、比较、判断。

3. 传递质量信息

加工处理后的信息,即可传递给需要该项信息的部门或人员。

4. 存 储

为了以后调用、检索加工后的正常信息,所有可使用的信息,都要存储起来,建成信息档案。

5. 检 索

把存储的质量信息迅速找出来的科学的方法和手段。

6. 输 出

质量信息要以一定的形式提供给需要信息的部门和人员,以报表、报告、备忘录、通知书等形式输出。

三、营造林工程监理文件资料管理

在监理实施过程中会形成大量的信息,其中主要以文件资料的形式存在,这些文件资料有的是实施营造林工程监理的重要依据,更多的是建设工程监理工作的成果资料。

在资料管理中监理人员应即时、准确、完整的收集、整理、编制、传递监理文件资料,宜采用信息技术进行监理文件资料管理;应及时整理、分类、汇总监理文件资料,并按规定组卷,形成监理档案;应根据工程特点和有关规定,保存监理档案,并应向有关单位、部门移交需要存档的监理文件资料。

四、工程资料的移交

(1)分包单位向总包单位移交。
(2)监理单位向业主移交。
(3)总包单位向业主移交。

第四章
营造林工程监理规划

第一节 监理规划概述

监理规划是项目监理单位全面开展监理工作的指导性文件,需要按程序报批后才能实施。监理规划与监理大纲、监理实施细则共同构成了建设工程监理的工作文件。

一、监理规划的作用

(1)指导项目监理单位全面开展监理工作。
(2)是建设监理主管机构对监理单位监督管理的依据。
(3)是业主确认监理单位履行合同的主要依据。
(4)是监理单位内部考核的依据和重要的存档资料。

二、监理规划编写依据

1. 工程建设法律法规和标准

工程建设法律法规和标准具体包括3个层次。
(1)国家层面工程建设有关法律、法规及政策。
(2)工程所在地或所属部门颁布的工程建设相关法规、规章及政策。
(3)工程建设标准。工程建设必须遵守相关标准、规范及规程等工程建设技术标准和管理标准。

2. 建设工程外部环境调查研究资料

(1)自然条件方面的资料。包括:建设工程所在地的地质、水文、气象、地形及自然灾害发生情况方面的资料。
(2)社会和经济条件方面的资料。包括:建设工程所在地人文环境、社会治安、市场状况、相关单位(政府主管部门、勘察和设计单位、承包单位、材料供应单位和工程监理单位)等方面的资料。

3. 政府批准的工程建设文件

(1)政府部门批准的可行性研究报告、立项批文。
(2)政府规划土地、环保等部门确定的规划条件、土地使用条件、环境保护要求等。

4. 建设工程监理合同文件

建设工程监理合同的相关条款和内容是编写监理规划的重要依据,主要包括:监理工作范围和内容,监理与相关服务依据,工程监理单位的义务和责任,建设单位的义务和责任等。

5. 建设工程监理投标书

建设工程监理投标书是建设工程监理合同文件的重要组成部分,工程监理单位在监理大纲中明确的内容,主要包括项目监理组织计划,拟投入主要监理人员,工程质量、造价、进度控制方案,安全生产管理的监理工作,信息管理和合同管理方案,与工程建设相关单位之间关系的协调方法等,均是监理规划的编制依据。

6. 其他建设工程合同文件

在编写监理规划时,也要考虑建设工程合同(特别是施工合同)中关于建设单位和承包单位义务和责任的内容,以及建设单位对于工程监理单位的授权。

7. 建设单位的合理要求

工程监理单位应竭诚为客户服务,在不超出合同职责范围的前提下,工程监理单位应最大限度地满足建设单位的合理要求。

8. 工程实施过程中输出的有关工程信息

工程实施过程中输出的有关工程信息主要包括:方案设计、初步设计、施工图设计、工程实施情况、工程招标投标情况、重大工程变更、外部环境变化等。

9. 监理大纲(略)

三、监理规划编写要求

1. 基本构成内容应力求统一

监理规划基本内容的确定主要考虑工程监理制度对于工程监理单位的基本要求。对某一特定工程而言,其内容应根据建设工程监理合同所确定的监理范围和深度进行编制。

2. 内容应具有针对性、指导性和可操作性

监理规划应根据工程自身特点和项目监理单位的实际状况进行编制,在监理规划中应明确规定项目监理单位在工程实施过程中各阶段的工作内容、工作人员、工作时间和地点、工作的具体方法等。只有这样,监理规划才能起到有效的指导作用,真正成为项目监理单位进行各项工作的依据。

3. 由总监理工程师组织编制

监理规划由项目监理单位的总监理工程师组织编制。编制过程中广泛征求意见,同时,还应听取建设单位的意见,以便能够最大限度地满足其合理要求,为进一步做好监理服务奠定基础。

4. 应根据工程进展情况进行补充修改和完善

工程项目运行过程中,内外因素不断发生变化,监理规划应根据工程进展情况进行补充修改和完善,以适应工程建设的需要。

5. 应有利于监理合同的履行

监理规划应根据工程监理合同对监理单位权利、义务和责任的要求,对完成监理合同目标控制任务的主要影响因素进行分析,制订具体的措施和方法,确保工程监理合同的履行。

6. 表达方式应标准化、格式化

为了使监理规划显得更明确、更简洁、更直观,监理规划在内容的表达方式上应以图、表和简单的文字说明为主。

7. 编制应充分考虑时效性

监理规划应在签订委托监理合同及收到工程设计文件之后由总监理工程师组织编制,由监理单位技术负责人审核签字后并在第一次工地会议之前报建设单位。中间要留出必要的审核和修改时间。

8. 经审核批准后方可实施

四、监理规划的报审程序

监理规划在编制完成后应由项目监理单位报送给监理单位技术负责人进行审核,技术负责人审核通过后签认。按合同约定,签认后的监理规划提交给建设单位,由建设单位确认后,方可实施。

监理规划报审的时间节点安排、各节点工作内容及负责人见表4-1。

表4-1 监理规划报审

序号	时间节点安排	工作内容	负责人
1	签订监理合同及收到工程设计文件后	编制监理规划	总监理工程师负责 专业监理工程师参与
2	编制完成总监签字后	监理规划审批	监理单位技术负责人审批
3	第一次工地会议前	报送建设单位	总监理工程师
4	设计文件、施工组织计划和施工方案等发生重大变化时	调整监理规划	总监理工程师组织 专业监理工程师参与
		重新审批监理规划	监理单位技术负责人重新审批
		报送建设单位	总监理工程师

第二节 监理规划的内容

一、工程概况

(1)工程项目名称:×××工程。

(2)工程建设地点:×××。

(3)工程建设规模:×××亩。

(4)工程投资控制目标:××万元。

(5)工程质量控制目标:合同质量要求(不得低于国家强制性标准)。

(6)工程进度控制目标:×年×月×日至×年×月×日。

(7)设计单位及承包单位名称、项目负责人。

(8)工程项目特点:×××。

(9)其他说明:×××。

二、监理工程的范围、内容和目标

（一）监理工作范围

×××工程施工过程的监理工作：哪些标段哪些小班的施工准备阶段，施工阶段，养护阶段，竣工验收阶段的监理工作(根据委托监理合同约定写出)。

（二）监理工作内容

1. 质量控制、进度控制、投资控制

(1)熟悉施工图纸，提出书面意见，参与设计交底。

(2)审查承包单位的施工组织设计、施工技术方案和施工进度计划，提出改进意见。

(3)审查分包单位资质并提出审查意见。

(4)签署开工报告。

(5)督促检查承包单位严格依照工程承包合同和工程技术标准要求进行施工。

(6)检查进场材料和设备的质量，查验有关质量证明和质量保证书等文件。

(7)检查工程进度和施工质量，并根据工程计量情况签署工程付款凭证。

(8)确认工程延期的客观事实，做出延期批准。

(9)调解建设单位和承包单位的合同争议，对有关的费用索赔进行取证和确认。

(10)督促整理合同文件和技术资料档案。

(11)组织承包单位质量(技术)负责人进行检验批和分项工程验收。组织建设单位、设计、勘察单位工程项目负责人和承包单位技术、质量部门负责人进行分部工程验收。

(12)参与建设单位组织的工程竣工验收，审查承包单位提交的竣工资料，提出《质量评估报告》和《监理工作总结》。

2. 合同管理

(1)拟订监理工程项目的合同体系及管理制度。

(2)合同执行情况的跟踪管理。

(3)协助建设单位处理与项目有关的工程暂停与复工、工程变更、费用索赔事宜及合同纠纷事宜。

3. 组织协调

(1)协调工程项目各单位的配合工作，如建设单位与承包单位、设计单位与承包单位、各承包单位之间、总承包单位与分包单位之间的工作协调等。

(2)协调解决有关工程质量、进度、投资、合同管理中各单位的工作，解决出现的矛盾与纠纷。

(3)协助建设单位和承包单位办理各种报批手续。

(4)协调与政府有关部门的关系，如交通、消防，以及重大质量、安全事故的处理等。

4. 安全生产控制

项目总监理工程师是工程安全监理的总负责人，现场监理人员应在总监理工程师的领导下认真履行各自的职责。监理单位在监理安全方面的主要职责是：

(1)审查专项安全文明施工组织设计方案并签署意见。

(2)把安全生产作为日常监理工作的重要内容，及时纠正承包单位在安全生产中的违规行为。

(3) 严格执行监理工作制度，重要施工环节确保做到旁站。
(4) 对危及工程安全的施工，按照监理权限下达停工指令。
(5) 及时向建设行政主管部门或安全监督机构报告拒不整改安全隐患的行为。
(6) 对施工方案的安全性和承包单位的安全生产管理作出评价，并列入竣工验收资料。

(三) 监理工作目标

(1) 投资控制目标。____万元。
(2) 工期控制目标。 年 月 日至 年 月 日施工阶段竣工， 年 月养护阶段竣工。
(3) 质量控制目标。造林成活率、保存率及有关质量指标达到合同约定要求。
(4) 安全目标。安全质量必须符合国家法律法规及设计图纸和施工现场安全标准。

三、监理工作依据

(1) 国家和地方有关营造林工程建设的法律法规。例如：《中华人民共和国森林法》《中华人民共和国合同法》等。
(2) 国家和地方有关营造林工程建设的技术标准、规范和规程。例如：《建设工程监理规范》GB/T 50319—2013、《造林技术规程》GB/T 15776—2006、《造林质量管理暂行办法》林造发[2002]92号、《营造林质量考核办法》林造发[2003]177号、《林业生态工程建设监理实施办法》林计发[2002]137号等。
(3) 经有关部门批准的营造林工程项目文件和设计文件。
(4) 建设单位和监理单位签订的营造林工程建设监理委托合同。
(5) 其他建设工程合同。

四、监理组织形式、人员配备及进退场计划、监理人员岗位职责

(一) 项目监理单位组织形式

根据项目的实际需要，列出项目监理单位的组织结构，是直线制模式，还是职能制模式或矩阵模式，营造林过程监理机构的组织形式通常采用直线制模式。图4-1是直线制模式组织结构图。

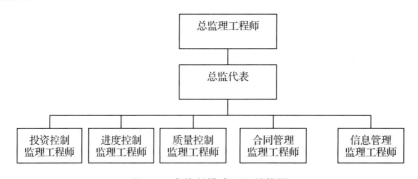

图 4-1 直线制模式组织结构图

(二) 项目监理单位人员配备计划

可列表4-2说明各施工阶段监理人员人数情况，如姓名、性别、职称、专业等。

表 4-2　各施工阶段监理情况

序号	职务	姓名	性别	职称	专业	阶段	备注
	总监理工程师					项目全过程	
	专业监理工程师					项目全过程	
						……	
						验收阶段	
						……	
	监理员					项目全过程	
						……	
						验收阶段	
						……	

注：

营造林工程监理工作在施工的不同阶段需要监理人员数量不同，监理规划应根据工程实际情况，合理安排各专业监理人员及数量。

(三)项目监理人员岗位职责

1. 总监理工程师的职责

(1)确定项目监理单位人员及其岗位职责。

(2)组织编制项目监理规划、审批监理实施细则。

(3)根据工程进展及监理工作情况调配监理人员，检查监理人员工作。

(4)组织召开监理例会。

(5)组织审核分包单位资质，签署审核意见。

(6)组织审查承包人提交的施工组织设计、施工方案、进度计划等重要文件并签署审核意见。

(7)审查工程开工复工报审表，在业主同意后签发工程开工令、暂停令和复工令。

(8)组织检查承包单位现场质量、安全生产管理体系的建立及运行情况。

(9)参与或配合工程质量缺陷与事故的调查与处理。

(10)组织审核承包单位的付款申请，签发工程款支付证书，组织审核竣工结算。

(11)组织审查和处理工程变更。

(12)主持调解合同争议，处理索赔事宜，签署索赔处理意见。

(13)组织分部工程和单位工程的验收并审核签认质量验收评定资料。

(14)审查签署承包人的竣工申请报告,组织工程项目的竣工预验收,组织编写工程质量评估报告,参与业主组织的竣工验收。

(15)组织编写监理周报、监理工作总结,组织整理监理文件资料。

2. 专业监理工程师的职责

(1)参与编制监理规划,负责编制监理实施细则。

(2)审查承包单位提交的计划、方案、申请、变更,并向总监理工程师提出报告。

(3)参与审核分包单位资格。

(4)检查工程实施情况,及时发现和预测工程缺陷和安全事故隐患,提出预防补救措施并进行处理。

(5)组织、指导、检查和监督营造林监理员的工作,当人员需要调整时向总监理工程师提出建议。

(6)定期向总监理工程师提交监理工作实施情况报告,对重大问题及时向总监理工程师汇报和请示。

(7)根据本监理工作实施情况做好监理日志,参与编写监理月报。

(8)验收检验批、隐蔽工程、分项工程,参与验收分部工程。

(9)进行工程计量,审核工程计量的数据和原始凭证。

(10)负责监理资料的收集、汇总及整理,参与编写监理月报。

(11)核查进场材料的原始凭证、检测报告等质量证明文件,平行检查检验进场苗木、种子等工程施工材料质量,合格时予以签认。

(12)参与工程竣工预验收和竣工验收。

3. 监理员的职责

(1)在专业监理工程师的指导下开展现场监理工作。

(2)负责检查、检测并确认工程施工种苗及其他材料的质量。

(3)检查承包单位投入工程施工的劳力、主要机具的使用情况,并做好检查记录。

(4)复核或从施工现场直接获取工程计量的有关数据并签署原始凭证。

(5)核查进场材料的原始凭证、检测报告等质量证明文件,检查检验进场苗木及工程施工材料质量,合格时予以签认。

(6)按设计文件及有关标准对承包单位的施工工艺过程或施工工序进行检查和记录。

(7)实施现场监督,发现问题及时指出并向绿化监理工程师报告。

(8)在绿化监理工程师的组织下做好监理日志和有关的监理记录。

五、监理工作制度

(一)项目监理单位现场监理工作制度

1. 施工图纸会审及设计交底制度

(1)监理人员要认真熟悉图纸,看懂图纸,领会设计意图和要求,并提出疑点和合理建议,为图纸会审做好准备。

(2)施工图纸会审工作由建设单位主持组织设计、施工、监理等单位有关人员参加。施工图纸会审完毕,由承包单位负责整理并编写"图纸会审纪要",作为与施工图纸同样重要的设计文件。

（3）设计交底会议由建设单位组织并主持，设计单位主讲，承包单位、监理单位参加。设计交底会议的目的是使承包单位和监理单位相关人员了解设计图纸要求、技术要求、施工工艺、质量标准等，做到心中有数，掌握工程的重点和关键。

（4）监理工程师参加由设计单位直接向有关的施工技术负责人进行设计变更交底，以便理解设计变更的原因、要点及特点。

2. 施工组织设计审核制度（略）

3. 工程开工，复工审批制度（略）

4. 工程质量检验制度

（1）监理工程师对承包单位的施工质量有监督管理责任，在检查工作中发现的质量缺陷应记入监理日志，指明质量部位、问题及整改意见，限期纠正复验。对较严重的质量缺陷或已形成隐患的质量缺陷，应由监理工程师正式填写《工程暂停令》，并报总监核签后给承包单位，承包单位应按要求及时做出整改，克服缺陷后通知监理工程师复验签认，如所发现工程质量缺陷已构成工程事故，则按规定程序办理。

（2）监理工程师发现质量缺陷，通知承包单位如不及时整改，情节较严重的，监理工程师可报请总监批准后，发出《工程暂停令》，指令部分工程、单项工程或全部工程暂停施工。待承包单位改正后填写《工程复工报审表》报监理复验，复验合格后才允许继续施工。

（3）隐蔽工程验收应由承包单位先自检，合格签字后8～24h内送达项目监理单位，监理工程师验收合格即签证，验收不合格要返工，返工后自检合格，仍需提前8～24h通知监理，返工损失及延误工期由承包单位负责。隐蔽工程未经签证一律不得隐蔽，重点部位或重要项目应会同施工、设计单位共同检查签认。

（4）监理工程师需要承包单位执行的事项，除使用《监理工作联系单》外，可使用《监理通知单》催促承包单位执行。

（5）发生质量事故后，总监理工程师签发《工程暂停令》，要求暂停质量事故部位和与其有关部位的施工，要求承包单位采取必要措施，防止事故扩大并保护好现场，同时，要求质量事故发生单位迅速按类别和等级向相应的主管部门上报；项目监理单位要求承包单位进行质量事故调查、分析质量事故产生的原因，并提交质量事故调查报告；根据承包单位的质量事故调查报告或质量事故调查组提出的处理意见，项目监理单位要求相关单位完成技术处理方案；技术处理方案经相关各方签认后，项目监理单位要求承包单位制订详细的施工方案，对处理过程进行跟踪检查，对处理结果进行验收；质量事故处理完毕后，具备工程复工条件时，承包单位提出复工申请，项目监理单位审查承包单位报送的工程复工报审表及有关资料，符合要求后，总监理工程师签署审核意见，报建设单位批准后，签发工程复工令；项目监理单位及时向建设单位提交质量事故书面报告，并将完整的质量事故处理记录整理归档。

凡对工程质量事故隐瞒不报或拖延处理，或处理不当，或处理结果未经监理同意的，对事故部分受事故影响的部分工程应视为不合格，不予验工计价，待合格后再予补办验收计价。

5. 施工进度监督及报告制度

（1）督促承包单位编制施工进度计划并提交监理项目部审查。

（2）审查承包单位编制的施工进度计划，主要审查是否符合总工期控制目标的要求，审核施工进度计划与施工方案的协同性和必要性等。监理项目部每周以周报的形式向建设单位报告各项工程实际进度及计划的对比和形象进度情况。

（3）监督承包单位严格按施工合同条款约定工期的计划进度组织实施。

（4）及时收集、汇总施工进度，将计划进度与实际进度进行对比，便于动态控制和调整。

（5）当实际进度与计划进度发生偏离时，召开工地例会，在分析原因的基础上采取组织措施，落实进度控制的责任，建立进度控制协调制度；对由于承包单位原因拖延工期者进行必要的经济处罚；采取合同措施，按合同要求及时协调有关各方进度，以确保项目形象进度的实现。

6. 造价控制制度

（1）监理及时核实已完成工作量，计量结果作为工程款的支付依据。

（2）工程质量未达到标准尚待处理的，暂不计算工程量；承包单位自身原因造成的返工部分不予计算工程量。

（3）对重大变更设计需要调整工程价款时，应由设计单位或主管部门通知，经业主签字认可后，作为调整造价的依据。

（4）监理在投资方面只限于业主授权范围内代表业主行使职权，凡超过监理职权范围的经济问题，均需通过业主确认，监理再办理签证。

（5）按合同条款支付工程款，防止过早、过量支付，实施全面履约，减少对方提出索赔的条件和机会，正确地处理索赔事宜。

（6）承包单位在提交竣工报告后，应在规定期限内提交工程结算书，监理审核签证后，报送业主，业主按工程承包合同的约定办理工程竣工决算。

7. 工程变更管理制度

原工程设计中存在的缺陷或因特殊情况需要工程变更时，有关单位向项目监理单位提出变更申请，总监理工程师对经济技术合理性进行比较分析，并报告业主，由业主组织施工、监理、设计单位共同研究，达成一致意见后，由设计单位变更设计，承包单位按变更设计施工。

8. 工程质量事故处理制度

施工中出了质量事故，严格按照质量事故处理程序进行处理。做到三不放过，一是没有分析事故原因不放过；二是没有找出事故责任不放过；三是没有提出事故处理办法不放过；并要对事故处理情况进行跟踪检查。

9. 工程验收制度

营造林工程验收分为施工阶段的验收和项目总验收。施工阶段的预验收由监理单位组织预验收，建设单位代表、设计、承包单位负责人参加，通过预验收后由建设单位组织正式验收。在管护期工作结束后，由建设单位组织项目总验收。

10. 监理报告制度

项目监理部要及时编写监理报告，向业主报告工程进度、工程质量、工程造价和监理工作情况。重大问题要随时向业主和监理单位报告。

（二）项目监理单位内部工作制度

（1）监理组织工作会议制度，包括监理交底会议、监理例会、监理专题会，监理工作会议等。

(2)建立监理工作日志制度。

(3)监理周报、月报制度。

(4)技术、经济资料及档案管理制度。

(5)监理设施及设备的保养管理制度。

(6)监理费用预算制度。

(7)监理人员安全守则。

(8)项目监理单位人员岗位职责制度。

六、营造林工程质量控制

(一)质量控制的方法

项目监理单位使用巡视、旁站、见证取样、平行检验，签发监理通知单、工程暂停令、工程复工令，控制工程变更，管理质量记录资料等方法进行现场质量控制。

(二)质量控制的内容

(1)核查承包单位的质量管理体系、机构设置、人员配备和职责分工等情况。查验各级管理人员及专业操作人员的业务培训及持证情况。

(2)审查各种苗木、种子和其他原材料的质量证明文件，苗木、种子必须持有"两证一签"(检疫证、合格证和苗木标签)，不合格的种苗及原材料不得投入施工。

(3)根据工程的性质特点和内容，采取定期和不定期的巡视、旁站、平行检验等控制手段和方法进行质量控制。

(4)对巡视过程中发现的质量问题，应及时要求承包单位予以纠正，并记入监理日志。

(5)对施工过程的某些关键工序，重点部位、隐蔽工程进行跟踪旁站，并做旁站监理记录。

(6)对监理中发现的质量问题可先口头通知承包单位，然后及时签发《监理通知单》，发送承包单位。承包单位应在改正后填写《监理通知回复单》，报项目监理部复查。

(7)严格工序质量检查，对放线、整地、挖穴、栽植、播种、抚育、管护各道工序进行检查，上道工序不合格，不得进行下道工序施工。

(8)验收隐蔽工程。要求承包单位按有关规定对隐蔽工程进行自检，自检合格后，上报项目监理部申请查验。监理应到现场进行检测核查。检查不合格的隐蔽工程应指令整改，直至合格；对合格的隐蔽工程，予以签认，准予进行下一道工序。

(9)分项/分部工程验收。承包单位在分项/分部工程完成并自检合格后，填写《分项/分部工程施工报验表》，报项目监理部，项目监理部到施工现场进行抽检，核查，签认符合要求的分项工程。对不合格的分项工程，下达《监理通知》，要求整改。经返工或返修的分项/分部工程应重新进行验收。

(10)质量缺陷和质量事故处理。项目监理部在施工中发现的质量缺陷、质量事故应严格按相关程序进行处理，并将完整的处理记录材料归档。

(三)质量控制的措施

1. 组织措施

建立健全项目监理单位，完善各监理人员职责分工，制订有关质量监督制度，落实质量控制责任。

2. 技术措施

协助承包单位完善质量保证体系；严格事前、事中和事后的质量检查监督。

3. 经济措施

严格质量检查和验收，认真做好工程计量，不符合设计及合同要求的拒付工程款。

4. 合同措施

按合同要求控制工程变更，协调各方做好工程变更相关事项。

(四)旁站方案

营造林工程监理旁站主要为苗木进场、农药配置2个关键环节。

(五)工程质量控制流程(略)

(六)工程质量控制表格(略)

七、营造林工程投资控制

(一)投资控制的方法

依据施工进度计划、施工合同等文件，运用动态控制原理，将实际发生的工程费用与计划投资对比，制订措施进行控制。

(二)投资控制的内容

(1)检查、监督承包单位执行合同情况，使之全面履约。

(2)按合同规定及时对已完工工程进行检验，做到不超验、不漏验，准确工程计量。

(3)对工程费用定期进行检查、分析。

(4)按相关部门工程费用的管理办法，控制工程费用。

(5)做好协调工作，认真处理因工程变更、费用索赔和工程延误引起的费用变化。

(三)投资控制的措施

1. 组织措施

建立健全项目监理单位，完善监理人员职责分工及有关制度，落实工程投资控制责任。

2. 技术措施

对材料、设备采购，通过质量价格比选，合理确定生产供应商；通过审核施工组织设计和施工方案，使施工组织合理化。

3. 经济措施

及时进行计划费用与实际费用的分析比较，防止实际投资超过计划投资。

4. 合同措施

按合同条款支付工程款，防止过早、过量支付。减少承包单位的索赔，正确处理索赔事宜等。

(四)工程投资控制流程(略)

(五)工程投资控制表格(略)

八、营造林工程进度控制

(一)进度控制的方法

对比法。利用动态控制原理,及时收集实际进度信息,与计划进度相比较,发现偏差及时纠偏。

(二)进度控制的内容

(1)审查承包单位编制的进度计划。

(2)依据工程的规模,工艺技术复杂程度,质量要求,施工现场条件及施工队伍技术水平等因素,分析各类进度计划的合理性和可能性,指出进度计划在实施中可能出现的风险,提出承包单位制订防范性对策,保证进度计划顺利实施。

(3)监督工程进度计划的实施,采用实地检查、施工方上报、开协调会等形式获得施工实际进展,与计划进度对比,如发现进度偏差,分析原因、制订纠偏措施,监督承包单位执行。

(4)定期、不定期召开施工进度协调会,分析研究影响工程进度的各种因素,研究需要采取的措施,在动态中进行进度控制。

(三)进度控制的措施

(1)组织措施。落实进度控制责任制,建立进度控制制度。

(2)技术措施。建立多级网络计划体系,监控承包单位作业计划。

(3)经济措施。对工期提前者都给予奖励;工期延误给予经济惩罚。

(4)合同措施。按合同要求及时协调各方进度,确保建设工程按期完工。

(四)工程进度控制流程(略)

(五)工程进度控制表格(略)

九、安全文明施工监理

安全生产和文明施工监理是对施工过程中安全生产和文明施工状况所实施的监督管理,必须纳入日常监理工作的内容,工程质量和安全是工程建设中永恒的主题。因此,监理工作必须坚持"安全第一、预防为主和质量为本"的原则,坚决贯彻执行新颁布的《中华人民共和国安全生产法》和《建设领域安全生产行政责任规定》,开展正常性的安全文明施工监理工作,争创安全文明施工工地。

(一)安全文明施工监理的工作目标

履行法律法规赋予工程监理单位的法定职责,尽可能防止和避免施工安全事故的发生,达到文明施工的要求。

(二)安全文明施工监理的工作内容

(1)把"预防为主"放在安全监督的首位,分析和研究工程施工中可能出现的安全隐患,并督促承包单位做好预防工作。

(2)监督承包单位的安全保证体系,使安全施工、文明施工得到控制。对现场发生严重的不文明施工现象和较严重违规作业,监理人员应立即组织承包单位进行分析、整改。

(3)当安全生产、文明施工与计划发生差异时,在分析原因的基础上,采取措施,及时控制,以保证安全文明施工方案的实现。

(三)安全文明施工监理的工作方法与措施

(1)审查承包单位现场安全生产规章制度的建立及实施情况。

(2)加强日常巡视和安全检查,发现安全存在隐患时,项目监理单位应当履行监理职责,采取告之、通知、停工等措施,及时向承包单位指出,预防和避免安全事故的发生。

(四)安全文明施工监理的流程(略)

(五)安全文明施工监理的工作表格(略)

十、合同管理与信息管理

(一)合同管理

1. 合同管理的内容

合同管理的内容包括工程变更管理、工程延期管理、费用索赔管理、违约处理等。

2. 合同管理措施

(1)掌握合同内容,弄清合同各方的责、权、利。认真履行合同中监理的职责范围、任务、处理好各方关系。

(2)认真做好工程资料的收集、整理工作,建立完善的档案资料,为工程的索赔和反索赔提供有理、有力依据。

(3)根据合同规定及有关法令,积极处理好建设单位与承包单位之间的关系,解决争端,处理违约事宜。

(二)信息管理

1. 信息管理的工作内容

(1)收集与营造林工程项目建设有关的各类信息。

这些信息包括设计资料、合同资料(与项目建设有关各方的合同)施工方资料、监理方资料、施工过程中形成的各类与三大控制工作相关的资料等。

(2)对收集的信息进行加工和整理,形成不同形式的数据和信息,按不同需要进行分层整理。

(3)信息的分发和检索。

(4)存储信息。根据营造林工程实际需要,规范地组织数据文件,建立统一的数据库,以备后用。

2. 归档监理工作资料

(1)监理规划、监理实施细则。

(2)监理周报、监理月报。

(3)监理各种会议纪要。

(4)监理工作总结报告。

3. 归档施工监理资料

(1)施工合同文件。附:中标通知书和施工合同。

(2)承包单位资质材料。附:营业执照、资质、企业税务登记、组织代码证(复印件加盖单位公章),机械操作人员岗位证书等(复印件加盖单位公章)。

(3)施工组织设计(方案)及《施工进度计划》等工程技术文件报审材料。附:《施工组织设计(方案)报审表》及施工组织设计(方案)、《施工进度计划》(加盖单位公章)。

(4)苗木/种子供应等单位资格报审材料。附:《苗木/种子供应等单位资格报审表》、苗木/种子供应等单位的营业执照、苗木/种子等农林物资经营许可证等资料(复印件)。

(5)工程动工报审材料。附:《工程动工报审表》及开工报告。

(6)工序完成报验材料。附:各工序(测量定点放线、整地施肥、植苗、苗木防风倒支撑、抚育灌溉等)完成报验申请表及自检报告。

(7)苗木报审材料。附:《苗木报审表》及苗木进场时的随车报验材料(苗木检验证、合格证和苗木标签)。

(8)工程变更材料。附:工程变更单、工程设计变更说明、工程设计变更表、工程变更后的设计图。

(9)工程延期申请材料。附:工程延期申请表、工程延期申请报告,监理机构批复的工程延期审批表。

(10)进度款支付材料。包括工程款支付申请表、工程变更费用索赔表、工程支付证书等。

(11)监理通知及监理通知回复单。

(12)监理旁站、抽检记录。

(13)不合格项处置记录。

(14)见证取样资料等。

4. 归档验收资料

(1)施工阶段工程竣工验收申请材料。附:工程竣工报验单、工程竣工成果汇总表、施工中建设单位代表、监理和承包单位共同签认的有关土方等工程计量材料、竣工图。

(2)工程质量评估报告。

(3)竣工移交证书。

5. 其他材料

(1)工作联系单。

(2)工程变更单。

(3)影视、图片资料等。

6. 信息资料汇总(表4-3)

表4-3 信息资料

资料名称	表格类别号	资料来源	表格编号方法
监理管理资料			
总监/总监代表任命书	A1	监理单位	
监理合同及其他合同文件		建设/监理单位	
监理规划、监理实施细则		监理单位	
监理周报、月报		监理单位	
设计交底/图纸会审/监理会议纪要		监理单位	
监理日志		监理单位	
监理总结		监理单位	

（续）

资料名称	表格类别号	资料来源	表格编号方法
施工监理资料			
施工组织设计/施工方案报审表	B1	承包单位	
开工令	A2	监理单位	
开工报审表	B2	承包单位	
工程暂停令	A5	监理单位	
监理报告	A4	监理单位	
工程复工令	A7	监理单位	
复工报审表	B3	承包单位	
单位资格报审表	B4		
分包单位资格报审表	B4-1	承包单位	
苗木/种子供应单位资质报审表	B4-2	供应/承包单位	
肥料/药品供应单位资质报审表	B4-3	供应/承包单位	
工程材料供应单位资质报审表	B4-4	供应/承包单位	
施工控制测量成果报验表	B5	承包单位	
工程材料报审表	B6	承包单位	
苗木报审表	B6-1	承包单位	工程名称全拼第一个字母大写－标段号－表格类别号－001…
附苗木进场检验记录		监理单位	
种子报审表	B6-2	供应/承包单位	
肥料/药品报审表	B6-3	供应/承包单位	
其他工程材料报审表	B6-4	供应/承包单位	
报审/验表	B7		
整地报验表	B7-1	承包单位	
附种植穴/槽检验记录表		监理单位	
植苗报验表	B7-2	承包单位	
附苗木种植质量检验记录		监理单位	
抚育/灌溉报验表	B7-3	承包单位	
防风倒支撑报验表	B7-4	承包单位	
补植报验表	B7-5	承包单位	
附苗木种植质量检验记录		监理单位	
分部工程报验表	B8	承包单位	
附分部工程验收记录		监理单位	
监理通知	A3	监理单位	
监理工程师通知回复单	B9	承包单位	

（续）

资料名称	表格类别号	资料来源	表格编号方法
工程款支付证书	A8	监理单位	工程名称全拼第一个字母大写－标段号－表格类别号－001…
工程款支付申请表	B11	承包单位	
工程量签证单		提出单位	
施工进度计划报审表	B12	承包单位	
费用索赔报审表	B13	承包单位	
索赔意向通知书	C3	提出单位	
工程临时/最终延期报审表	B14	承包单位	
竣工验收监理资料			
单位工程竣工验收报审表	B10	承包单位	
附验收办法、验收		业主/监理单位	
工程质量评估报告		监理单位	
竣工移交证书		监理单位	
其他资料			
工作联系单	C1	提出单位	
工程变更单	C2	提出单位	
影视、图像资料		监理单位	单独编排刻录

注：具体资料内容可根据各工程项目特点及合同约定在此基础上进行增减。

7. 办理档案移交（略）

十一、组织协调

（一）协调的范围
在建设单位委托的范围内，负责与建设项目有关各方之间的协调。
（二）组织协调的主要工作
1. 项目监理单位的内部协调
（1）总监理工程师牵头，做好项目监理单位内部人员之间的工作关系协调。
（2）明确监理人员分工及各自的岗位职责。
（3）建立信息沟通制度。
2. 与工程建设有关单位的外部协调
（1）项目建设工程系统内部协调，包括与建设单位、设计单位、承包单位、材料供应单位等。
（2）项目建设工程系统外协调，包括政府相关部门、工程毗邻单位、工程所在地村镇等。
（三）组织协调方法
（1）会议协调。监理例会、专题会议等方式。

(2)交谈协调。面谈、电话、网络等方式。
(3)书面协调。通知书、联系单、周报、月报等方式。
(4)访问协调。走访或约见等方式。

(四)协调工作表格(略)

十二、监理设备

(一)建立监理设备管理制度(略)
(二)项目监理单位用于本项目的仪器、设备清单

应根据工程实际需要编制并填写相关表格,见表4-4。

表4-4 项目监理单位用于本项目的仪器、设备清单

序号	仪器设备名称	型号	数量	使用时间	备注
1	汽车				
2	电脑				
3	照相机				
4	打印机				
5	GPS				
6	卷尺				
7	游标卡尺				
⋮	⋮				

第二部分 营造林工程监理实务

第五章 营造林工程的特点

营造林工程与一般的建设工程(工业、民用、建筑业)有很大的差异,这就决定了营造林工程监理不能完全套用一般建设工程的监理模式,而必须根据林业自身特点开展监理活动。

营造林工程与一般建设工程的不同点主要有以下11个方面:

1. 工程项目的受益人不同

一般建设工程的最大的受益人通常只是建设单位,有的项目甚至可能还会出现空气、噪声等污染,给项目区的人们带来健康损害。而营造林工程项目具有生态效益、社会效益和经济效益,工程建设的受益人非常广,不但生活在项目地区的人,而且在项目地区以外的人也能因此受益。

2. 项目投资渠道不同

一般建设工程项目是由项目法人筹资建设,大量资金依靠银行贷款。而营造林工程主要是由国家财政和地方政府投资建设,建设单位没有还款压力,项目建设的好坏与建设单位一般没有直接的经济利益关系。

3. 工程建设的对象不同

营造林工程建设是一个培育再生资源的生物工程,建设对象是具有生命力的"树",一方面,外界环境、人和牲畜的不当活动都可能影响它的生长和生存;另一方面,随着树木的生长,林木对外界是一个不断适应和抗力不断增强的过程。而一般建设工程的建设对象是无生命的"物"。由于决定造林成败的因素很多,主观上看,有施工人员素质、苗木质量、前期工作准备好坏、后期管理等因素,客观上看,有旱、涝、病虫害、野生动物危害等不可抗拒力因素。因此,造林失败追究比一般工程更为复杂,在营造林工程项目中引进监理机制就显得尤其重要。

4. 施工作业面积大

林业单项工程,一般以县为单位,其施工作业面积通常在几千亩以上,有的上万亩、十几万亩,而且往往比较分散,交通不便。因此,营造林工程监理与一般建设工程的监理相比,投入的监理人员多,监理员工作环境差。相比较而言,其他费用支出(如交通费、外业补助费)也要大得多。

5. 单位面积投入的差异大

一般建设工程项目,计算单位面积的投入通常以平方米为基础单位,每平方米投入少则几百元,多则几千元,甚至上万元。而营造林工程投入,通常以亩为计算单位,投入相对较低。目前,国家林业重点生态建设每亩投入一般为300元补助费,而城镇绿化、高速公路两旁绿化等每亩投入最高可达数万元,但平均到每平方米也只有几十元钱,而且工程建设和管护时间一般在3年以上。

6. 设计精度要求相对较低

一般建设工程的设计需要精确到厘米，甚至到毫米，而营造林工程由于施工面积大、地形复杂，不需要也不可能进行精确设计，因此面积误差允许达到5%。

7. 控制工程变更难

目前开展监理的营造林工程大多是城市绿化、道路绿化，树种、景观配置、苗木规格等易受领导偏好影响，加之变更不涉及到安全、环境等因素，因此领导对景观建设思路的变化往往引起造林树种规格、品种等方面的变更，客观上加大了建设单位和项目监理单位控制工程变更的难度。

8. 施工队伍的差异

一般建设工程项目的施工队伍，专业配套、制度完善，管理规范。而营造林工程的施工，往往由承包单位在当地雇用临时工，采用按承包的方式组织施工，管理方式相对粗放，管理难度较大。

9. 施工期的差异

一般建设工程，施工期很长，南方地区可常年施工，北方地区一年也可达9个月以上。而营造林工程受造林季节限制，一般在春秋季施工各只有两个月左右。大面积的施工必须集中在这段时间内完成，否则成活率没有保证。正因为如此，营造林工程的前期准备工作就显得十分重要。如一般建设工程材料不合格，总监理工程师可签发暂停令，承包单位可更换材料，经监理工程师验收合格后，总监理工程师再签发复工令允许承包单位继续施工。而营造林工程如苗木质量达不到要求，总监理工程师若签发暂停令，重新采购更换合格苗，造林季节可能因此延误，不能按期完成任务。若允许用不合格苗上山，造林质量则将受到重大影响。

10. 工程竣工验收和缺陷保修期的差异

一般工程在施工结束后，由建设单位组织设计、施工、监理、政府监督管理部门对工程的实体质量和有关工程资料进行验收，达到合同要求，则可通过竣工验收，移交工程。在缺陷保修期期间，只要不是承包单位施工质量问题，承包单位不予以修理。而营造林工程的验收，按国家规定春季造林需在秋季进行成活率验收，秋季造林要在第二年进行成活率验收，造林第三年还要进行保存率验收，只有在保存率达到国家标准，工程才能算得上真正通过竣工验收。由于影响成活率和保存率的因素很多，俗话说"三分造，七分管"，因此，在缺陷保修期内，其管护的工作量非常大，如要进行补植（播）、幼林抚育、浇水灌溉等工作，一道工序没有做好，都有可能会前功尽弃。可见林业的营造林工程的管护期（缺陷保修期）监理极为重要。

11. 风险几乎全部由承包单位承担

一般工程的施工和监理风险并存，如建大楼，因承包单位质量问题出现坍塌，不仅要追究承包单位责任，也要追究项目监理单位的责任，甚至还要追究建设单位的责任。而营造林工程却不一样，工程质量方面的责任，几乎全部由承包单位承担。如栽植的苗木没有成活，承包单位需重新更换苗木，直至栽活为止，建设单位和监理均无风险。因此，有时因建设单位下达错误指令造成的损失也由承包单位来承担。如大苗造林，建设单位领导重点考虑了造林效果，要求带冠造林，增加了苗木死亡的风险。当苗木死亡事件发生时，建设单位往往以苗木质量问题，或者栽植问题、浇水管护问题等要求承包单位承担责任。

第六章
营造林工程施工监理

营造林工程施工监理分为施工准备阶段监理和施工阶段监理。

第一节 项目管理层次划分

一、营造林工程检验批的概念

检验批原本是土建专业的专有概念，在 GB/T50344—2004 建筑结构检测技术标准中的定义，"检验批是指检测项目相同，质量要求和生产工艺等基本相同，由一定数量构件等构成的检测对象"；在 GB50300—2001 建筑工程施工质量验收统一标准中定义，"检验批是指按同一生产条件或按规定的方式汇总起来供检验用的，由一定样本数量样本组成的检验体。"借鉴土建专业检验批的概念，结合营造林工程建设的实际，我们引进了检验批的概念，则营造林工程的检验批，是指方便于承包单位报验和监理人员监控的最基本的检验单位。营造林工程的检验批与土建工程的检验批相比较，其共同点都是供检验所用；而差异在于，土建工程的检验批是以一组样本组成，而营造林工程的检验批是小班、地块；土建工程的检验批只有一个检测结果，如一组钢筋取样的检验批经检测会得到送样钢筋的有关质量指标，决定该检验批合格与否。而营造林工程的一个检验批可根据生产工艺进行多次报验，根据生产过程，可以得到多个过程检验结果，当然最终的验收结果决定了该检验批的质量的合格与否。

二、项目管理层次划分

要制订如何开展项目监理工作，首先，要确定工程建设项目的检验批，这是要求施工报验的最基础的报验单位；其次，是建设工序，这是要求承包单位报验的内容，为项目监理单位把关的各个重要环节。因此，项目管理层次的划分，确定检验批的划分方法，是监理工作最基础的一项工作。当前营造林工程主要分为城市平原地区绿化造林、公路两侧通道绿化造林和荒山造林，针对不同类型的营造林工程，因投资、造林的面积、交通条件等不同，其项目的管理层次划分也有所区别。以北京市平原绿化工程、内蒙古乌兰察布市高速公路绿化和京冀水源林合作造林项目(图6-1 至图6-3)为例。

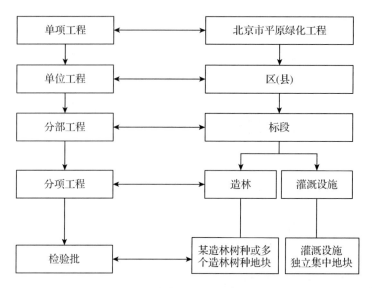

图 6-1　北京市平原地区造林项目

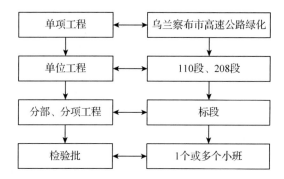

图 6-2　乌兰察布市高速公路绿化项目

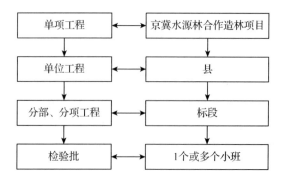

图 6-3　京冀水源林合作造林项目

第二节 施工准备阶段监理

施工准备阶段监理是承包单位中标后进驻现场，项目监理单位受建设单位委托对承包单位施工准备工作进行监督管理的过程。营造林工程的施工准备非常重要，是整个施工过程进度质量的保障。施工准备阶段在整个工程建设中是一个极为重要的阶段，是一个不可随便跳跃的阶段。只有严格按照监理程序做好了施工准备阶段的各项工作，才可能做到项目建设心中有数，后面的施工才可能做到有条不紊的顺利进行。

一、施工准备阶段当前存在的主要问题及监理控制要点

1. 建设单位项目建设前期准备工作不充分，最为普遍和突出的是设计问题

很多建设单位在没有完成施工作业设计或没有经过技术部门严格的设计审查，就匆忙上马施工，从而造成施工混乱无序，质量控制困难。施工设计是监理的主要依据，因此，监理在施工准备阶段，应协助建设单位搞好施工设计的审查和优化工作，确保设计具有针对性和可操作性。

2. 施工阶段最容易出现的问题是苗木采购和灌溉问题

工程造林一般采用大苗造林，落叶乔木的胸径一般要求在6cm以上，常绿乔木树高一般要求在1.5m以上，近年来，各地城市和道路两旁都在进行大规模的绿化，由于苗木培育周期长，各地苗源非常紧张，如果控制不好，一些非适生区的苗木混入和带有病虫害的苗木引入，不仅会严重影响造林质量，而且还有可能会威胁到当地的森林安全。灌溉是造林的重要工序，灌溉工作是否到位往往决定造林的成败。大苗造林用水量很大，加之春季造林季节正是农业春播季节，在北方地区，春季造林季节农林争水矛盾极为突出。因此，在施工准备阶段，监理应配合承包单位把好苗木采购关，认真审查承包单位水源准备情况，确保工程用水。

3. 由于施工组织工作准备不充分，往往会造成工程施工的无序混乱

监理在施工准备阶段应要求承包单位结合自身实际和工程建设情况，认真编写施工组织设计和进度计划，确保施工正常的有序开展。

二、施工准备阶段监理工作主要内容及程序

1. 检查设计文件是否符合设计规范及标准，检查施工图纸（小班作业设计）是否能满足施工需要

在承包单位开工前，监理人员一定要熟悉设计文件和施工图纸，如发现设计不够准确，应通知建设单位，由建设单位组织设计、监理和承包单位技术负责人一同到现场对小班设计图纸进行确认，如发现问题，应提出建议，协助对设计进行优化和改善设计工作，把问题解决在施工前，以防止施工后出现纠纷和索赔事件的发生。

2. 检查建设单位提供的施工现场是否具备施工条件

在施工准备阶段，建设单位应做好拆迁、土地流转、土地腾退等工作。如前期准备工作没做好，盲目同意承包单位进场，承包单位人员、机械进场后，不仅会造成承包单位人员机械窝工，影响施工进度，而且还可能会导致承包单位向建设单位提出索赔。

3. 监督检查承包单位质量保证体系及安全技术措施，完善质量管理程序与制度

具体表现在审查承包单位上报的实施性《施工组织设计》。承包单位编写的《施工组织设计》主要内容有：承包单位技术、管理机构情况；施工方案；质量、进度、投资、安全自控措施；施工人员、机械组织情况以及有关管理制度订立情况等。审查《施工组织设计》，重点审查施工方案、劳动力、种苗、肥料、药品、材料、机械设备的组织及保证工程质量、安全、工期和控制造价等方面的自控措施。承包单位在编制好《施工组织设计》以后，应填写《施工组织设计/施工方案报审表》报项目监理单位审查。如果是超过一定规模的危险性较大的分部分项工程专项施工方案，项目还应报建设单位审批。《施工组织设计/施工方案报审表》见附表 B1。

4. 督促和协助承包单位编制施工进度计划

营造林工程的施工期较短，春季最佳造林时间为 40 天左右，一般不超过 60 天。为保证工期，监理人员应协助承包单位编制施工进度计划。编制施工进度计划，要综合考虑承包单位的劳动力、施工机械设备和灌溉设备的合理配置，以及苗木的供应等情况，如劳动力和机械的配置需考虑工期，植苗的进度要考虑灌溉的能力，要保证植苗后能及时浇灌。承包单位的进度计划应按表 6-1、图 6-4 填写、作图，以便在施工过程中进行动态跟踪。

表 6-1　施工进度计划安排

承包单位：

内容	时间	3月				4月						5月	
		15	20	25	30	5	10	15	20	25	30	5	10
整地	计划												
	完成												
造林	计划												
	完成												

注：计划数和完成数按累计数填写。

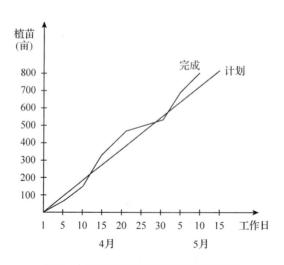

图 6-4　施工植苗进度计划动态跟踪图

进度计划编写好后,应填写《施工进度计划报审表》报项目监理单位审查,《施工进度计划报审表》见附表B12。

5. 审查苗木、肥料、药品的采购计划,对拟采购材料的供应单位进行资质审查

目前大多的施工合同都是总价合同,苗木、肥料、药品等材料的采购均包括在合同内,由承包单位自行采购,但也有部分施工合同中规定是由建设单位自己采购。但无论是谁采购,采购单位都必须在开工前应按设计要求确定苗木供应单位,并向项目监理单位报审备案。向项目监理单位提交《苗木/种子供应单位资质报审表》,项目监理单位按照设计要求对苗木/种子供应单位的资质进行审核,审核的内容主要包括以下方面:

①苗木/种子生产必须在设计规定的适生区内。

②苗木/种子生产经营单位必须在当地工商行政管理机构注册,是法人实体。

③苗木/种子生产经营单位必须具备当地林业主管部门颁发的苗木、种子经营许可证明。

④苗木/种子生产经营单位必须保证能按供应计划向承包单位提供设计要求的合格苗木。

监理人员在有时间的情况下,可以应建设单位或承包单位的邀请,到苗木生产单位现场查验苗木情况,但监理人员对苗木生产单位的认可,并不能免除苗木供应单位提供不合格苗的责任。

《苗木/种子供应单位资质报审表》见附表B4-2。

6. 参加设计单位向承包单位的技术交底

技术交底由建设单位组织,设计单位、项目监理单位和承包单位技术负责人参加。设计单位交付工程设计文件时,应对工程设计文件的内容向建设单位、承包单位和监理单位做出详细的说明。

7. 审查施工测量定点放线工作

营造林施工测量定点放线主要包括2个环节。

(1)审查造林小班放线成果,明晰造林小班界限,划分检验批。对照设计,用GPS卫星定位仪或拿设计地形图到现场将造林小班位置确定下来,防止造林越界或落下造林地块。如设计比较精细,在设计时已在小班拐点处钉了小班桩,界限清晰,面积准确,此种情况下,此道工序可以不做。对于比较粗的设计,最好由建设单位代表、承包单位技术人员和监理人员共同完成工作,如果在施工测量定点放线过程中出现放线结果与设计不符的情况,应做好记录,三方签字,以便为下一步的设计变更提供依据。

此项工作也是划分检验批的一个重要环节。林业施工面积大,小班区划大小不一,为便于施工管理,在施工前,监理人员应和承包单位技术负责人一起,根据造林小班的分布情况,按照集中连片,便于工序验收和管理的原则,可将一个或数个造林小班划分为一个检验批。经过整合,可将承包单位负责的标段内多个造林小班划分为较少的几个检验批。这样既方便了施工管理,也可大大减少整理施工资料的工作量。

在城市绿化中,为了追求造林景观效果,往往在一个小班内设计乔灌搭配的多个造林树种,不同造林树种设计株行距、整地方式不同。因此,在一个小班内需要设多个检验批,划分检验批时应按设计图纸,由西到东(由左到右),由北到南(由上到下),分树种造林地块划分检验批,如某几个树种造林面积较小,可将几个造林地块合并为一个检验批,一个检验批的树种一般不超过3个树种为宜。

检验批号按如下规定确定:

检验批号:小班号-合并报验栽植地块号,以上图为例,74-01,则表示为74小班第一检验批。

有的小班由多个地块组成,每个地块又有多个检验批,则检验批号为:小班号-地块号-合并报验栽植地块号,如65-1-01,表示65小班的第一地块的第一检验批。

(2)审查造林株行距放线成果,确保造林景观效果。按设计的造林模式(株行距、挖坑的大小)放线,此放线要求,株距与等高线平行,株行距均匀,密度符合设计要求,造林外观漂亮。放线的通常方法一般采用两种方法:一是用白灰标注植苗(挖坑)位置;二是用铲子在植苗处挖一个小坑作造林标记。在平原造林中,有的承包单位采用一次性的筷子或涂白色的木棍作为植苗坑位置的标记,效果很好。

由于造林地面积大、地形复杂等多方因素决定,营造林工程的造林设计精度较低,因此,按设计进行造林模式放线工作,应视为承包单位和项目监理单位的"二次设计",也就是说承包单位技术人员和监理员应根据小班的具体情况,从美观、尽量保留原树(苗)木的前提下,按照设计原则要求,灵活进行放线。

园林工程的施工放线要比营造林工程放线复杂,通常采用网格布点放线。就是根据设计找到基准点,然后按照平行经纬线(正南北,正东西方向),按50m标准用石灰画大网格,然后根据网格布点。对部分项目精细布点,又可在50m见方的大网格中画小网格,小网格通常为10m×10m。

在城市平原造林绿化放线中,由于地下往往铺设有光缆、管道等,在地上有电力设施、电线杆柱等建筑物,放线挖穴应按以下要求进行:

栽植乔木穴的中心位置距管道的水平距离应在1m以上;距燃气管道的水平距离在1.2m以上;栽植乔木和灌木的中心位置与地上其他设施的最小水平距离,低于2m的围墙,应在1m以上;距光缆、电力设施、电线杆柱的距离应在1.5m以上,距水准测量点的距离应在2m以上;高压电线下不允许栽植高大乔木,高大乔木距高压线的栽植水平距离应在5m以上。

在施工放线结束后,承包单位应填写《施工控制测量放线成果报验表》,并附自检报告送项目监理单位验收。项目监理单位在收到施工控制测量放线成果报验申请后,应派营造林监理员到现场进行查看验收,如发现放线不规整、密度达不到设计要求,应要求承包单位重新放线;如验收合格,监理员应在《施工控制测量放线成果报验表》上签字,允许承包单位进行下道工序施工,即整地。《施工控制测量放线成果报验表》见附表B5。

附件《测量放线自检报告》示范材料如下:

测量放线自检报告

_____（监理单位）：

我单位严格按照设计要求，在监理人员的监督管理下，于_____年_____月_____日完成了_____标段_____小班（或检验批）的测量放线工作，经我单位技术部门组织的检查，全部达到设计要求。特报验，请予以验收。

阶：_____标段_____小班（或检验批）放线成果图

承包单位（盖章）

项目负责人（签字）

_____年____月____日

对于荒山绿化造林，在放线成果图上，需要反映两个信息：一是小班的形状；二是小班的面积。对种植点的放线，要求根据造林地的实际情况，平行于等高线，按设计株行距成品字形排列即可。荒山造林地放线成果图如例1和例2：

例1 _____标段____小班放线成果图

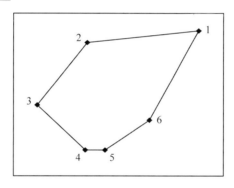

小班GPS实测点

测点	1	2	3	4	5	6
N	4529026	4528876	4528753	4528703	4528598	4528748
E	0757074	0756849	0756774	0756777	0756902	0757052

面积：106.6亩，株行距3m×4m，5970穴。

例2 _____标段____检验批放线成果表

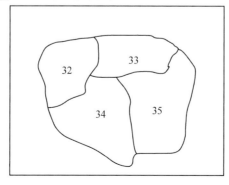

小班号	面积(亩)	株行距	数量
32	15	3m×4m	840
33	16	3m×4m	896
34	41	3m×4m	2296
35	43	3m×4m	2408
合计	115		6440

公路绿化造林放线成果图如例3：

例3 _____标段 ____小班放线成果表

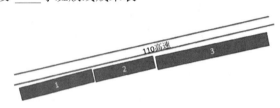

小班号	面积(亩)	株行距	数量
1	56	3m×4m	3136
2	41	3m×4m	2296
3	89	3m×4m	4984
合计	186		10 416

对于平原地区绿化或景观地段绿化，测量放线的成果图上应体现3个方面的内容：小班各造林地块的形状；种植点的分布情况，在图上能看出与哪一条路平行，种植点是否设计分布；造林作业面积。

测量放线成果图应有一张用 A4 或 A3 纸打印的整个标段的设计图(山区造林应为地形图)，图上应标明各检验批地块的形状、位置、注明检验批编号。各检验批测量放线应有分图(可以不用地形图，为示意图)，附在检验批测量放线报验表后。

例4 100－01 检验批有 3 块种植地块，设计种植 1.5 亩榆叶梅(株行距1.5m×1.5m)，2 亩杨树(株行距4m×4m)，1 亩刺槐(株行距4m×4m)，其测量放线成果图(分图)如下：

100－01检验批放线成果图

序号	面积(亩)	株行距	数量
1	1.5	1.5m×1.5m	444
2	2	4m×4m	84
3	1	4m×4m	42
计	4.5		570

8. 审批开工报告

承包单位在具备开工条件后,应填写《开工报审表》并附开工报告,报项目监理单位和建设单位审查,提出开工申请。《开工报审表》见附表 B2:

承包单位的开工报告,应将承包单位为开工所做的准备工作用简单的文字叙述清楚,以供监理审查。在实际工作中各承包单位所写开工报告格式各有不同,为了规范承包单位开工报告的格式,特提供如下《开工报告示范样本》,供施工单位参考:

开工报告

_____(监理单位):

我单位严格按照合同要求,认真熟悉施工作业设计,并仔细查看了施工现场。根据造林季节性强,施工期短,工作量大的情况,为了合理的调配人力和设备,确保在造林季节高质量完成造林任务,我们按照项目监理单位的要求,结合施工实际,认真编写了施工组织设计方案和施工进度计划,并制订了严格的施工和安全管理制度,根据施工需要,我们共计有施工人员_____名,机械设备_____台(其中水泵_____台,浇水车_____辆)已按计划进场。目前,施工技术和安全培训工作已结束,管理人员已到位,施工组织机构完善,苗木及其他施工物资已落实,开工前的各种手续已办妥,我单位认为已具备了开工条件,计划在_____年_____月_____日开工,特提出申请,请予以批准。

承包单位(盖章)

项目负责人(签字)

_____年_____月_____日

从承包单位的开工报告中可以看出,监理工程师审查开工报告,应从以下 8 个方面审查:

(1)承包单位是否真正熟悉了施工作业设计,仔细查看了现场。由于营造林工程设计面广,精度较低,设计与现场不符的情况多有存在,如在查看现场时发现问题,可以在开工前及时与建设单位商量设计变更,这样可以避免以后不必要的设计变更和索赔等事件的发生。

(2)是否结合施工实际,认真编写了施工组织设计方案和施工进度计划。

(3)是否制订了施工和安全管理制度。

(4)人员和设备是否已按计划进场。

(5)是否在开工前进行了施工技术和安全培训工作。

(6)施工组织机构是否完善,管理人员是否已到位。

(7)苗木等有关施工材料是否已落实。

(8)其他开工前需办的所有手续是否已办妥。

施工项目经理部提交的开工报审材料《开工报审表》和《开工报告》通过项目监理单位的审查后,应送建设单位代表审批,然后由总监理工程师向施工项目经理部开具《工程开工令》。《工程开工令》见附表 A2。

第三节　施工阶段监理

营造林工程施工阶段的工艺比较简单，主要分为：整地、植苗、抚育灌溉 3 道工序。

一、整　地

承包单位应按照设计进行整地，在整地过程中，如发现有立地条件与设计不符而无法按要求整地的情况，应通知项目监理单位，由项目监理单位组织建设单位代表和设计单位到现场进行确认，建设单位代表、项目监理单位和设计单位应根据实际情况，在现场对特殊地类的造林密度、挖坑规格、苗木规格、苗木品种进行调整，做好现场记录，建设单位、监理、设计、施工 4 方代表签字，作为后补设计变更的依据。

对于特殊地类整地的验收，如客土，承包单位在挖好坑后，应将外运来的土堆积在坑边，待监理员对坑的规格验收认可后，方可将土填入坑内。

承包单位在整地工作结束后，需进行自检，自检合格后，承包单位应填写《整地报验表》，并附自检报告送项目监理单位验收。项目监理单位在收到整地报验申请后，应派营造林监理员到现场进行查看验收，验收内容主要包括以下 3 个方面：

（1）挖坑的规格是否达到设计要求。
（2）植苗坑的株行距是否达到设计要求。
（3）在施工范围内是否已按设计要求整地，有无漏整地地块。

如验收合格，方可允许进行下一道工序施工，即植苗。《整地报验表》见附表 B7-1。
附件整地自检报告示范材料如下：

整地自检报告

＿＿＿＿＿＿＿＿（监理单位）：
我单位严格按照设计要求，在监理人员的监督管理下，于＿＿＿＿年＿＿＿＿月＿＿＿＿日完成了＿＿＿＿标段＿＿＿＿小班的整地工作，经我单位技术部门组织检查，共挖坑＿＿＿＿个，挖坑规格为＿＿＿＿cm×＿＿＿＿cm×＿＿＿＿cm，株行距为＿＿＿＿cm×＿＿＿＿cm，鱼鳞坑（水平沟）沿等高线排列，整地规整，经自查，全部达到设计要求，特报验，请予以验收。

承包单位（盖章）
项目负责人（签字）
＿＿＿＿年＿＿＿＿月＿＿＿＿日

二、植　苗

植苗工序是决定造林质量的关键工序，要把住造林质量关，监理人员应从 2 个方面把关：

1. 把住苗木进场质量关

在施工前，项目监理单位已对苗木采购单位（承包单位或建设单位）提交的苗木供应单位的资质进行了审核，对苗木的产地做到把关，防止在适生区外调苗。但在具体进苗时，很多承包单位并未真正按原申请的供苗单位进苗，因此，苗木进场把关极为重要。按照监理程序，苗木进场前，苗木采购单位（承包单位或建设单位）必须事先通知项目监理单位，并提交《苗木报审表》，监理人员会同承包单位技术负责人到现场对苗木质量进行验收，对苗木卸车工序进行旁站。具体验收程序和内容是：

（1）查看苗木运输人随车携带的两证一签，即苗木质量合格证、苗木检疫证、苗木标签。如运输来的苗木产地与申报产地不符，或缺乏两证一签的质量证明材料，应拒绝苗木卸车，责令其拉走退场。

（2）在资料查验通过后，监理人员应监督其卸车，在卸车过程中，应注意以下事项。

①苗木品种。

②苗木数量。

③苗木高度。

④苗木直径。

⑤苗木冠幅。

⑥苗木分支点。

⑦苗木是否有机械损伤。

⑧苗木是否有病虫害　虽供苗单位提供了植物检疫证，但为了防止外来病虫害的侵入，确保工程建设安全，苗木进场时一定要查验是否有病虫害，如发现有病虫害，应立即就地销毁。

⑨土球情况　大苗移植检查土球非常重要，一是看土球直径和高度是否达到设计要求，二是看土球是否紧实，如土球松散，说明根的须根已经破坏，根不能正常从土壤中吸取水分，苗木成活没有保证。再就是要检查假土球情况，很多不法苗木经销商，用沙地苗或山地苗（没有土球或自身带土很少），在其根部包上土或草皮等制成假土球卖给承包单位，用这种假土球的苗木造林，苗木的成活率几乎为零。判断真假土球，一是查看土球是否紧实，假土球一般较为松散；二是查看土球外包装是否过多、过严，不法苗商为了防止假土球暴露，土球外包装通常较多、过严；三是查看土球外是否有根系，如土球外边没有根系，则可判断为假土球。

⑩设计对苗木质量的其他要求　监理人员和承包单位技术负责人应配合对进场苗木进行把关，剔除不合格苗木，并责令其拉出施工现场，对退场的不合格苗木要做好记录，防止不合格苗流入工地。对验收合格的苗木，如是非承包单位采购苗木，承包单位技术负责人应首先对合格苗进行确认，然后由监理人员确认，监理员应在《苗木报审表》上签字内容（示范）为："经验收，该车（批）苗木有＿＿＿＿株符合设计要求，同意用于植苗造林，有＿＿＿＿株不符合设计要求，应清退出场，不得使用。"监理员应将旁站情况填入《旁站监理记录》。《苗木报审表》作为施工资料保存，《旁站监理记录》作为监理资料保存。《苗木报审表》见附表 B6-1。

表 B6-1　苗木报审表(建设单位采购用表)

工程名称		编　号	
地　点		日　期	

致：_____（项目监理单位）

下列苗木符合技术规范设计要求，报请验证并准予进场使用：

1. 苗木出圃单
2. 苗木质量证明材料（苗木检验证书、苗木标签）
3. 苗木植物检疫证

苗木名称	供应单位	规格	数量

苗木采购单位（盖章）

负责人（签字）

年　月　日

审查意见：

施工项目经理部（盖章）

项目技术负责人（签字）

年　月　日

审查意见：

项目监理单位（盖章）

监理员（签字）

年　月　日

填报说明：本表由苗木采购单位填报，项目监理单位、承包单位各存一份。上表为承包单位外的供苗单位所用，如承包单位自采购苗木，可用下表：

表 B6-1　苗木报审表(施工单位采购用表)

工程名称		编　号	
地　　点		日　期	

致：＿＿＿＿＿＿＿＿＿＿＿＿＿＿＿＿＿＿(项目监理单位)

下列苗木符合技术规范设计要求，报请验证并准予进场使用：
1. 苗木出圃单
2. 苗木质量证明材料(苗木检验证书、苗木标签)
3. 苗木植物检疫证

苗木名称	供应单位	规格	数量

施工项目经理部(盖章)

项目技术负责人(签字)

年　月　日

审查意见：

项目监理单位(盖章)

监理员(签字)

年　月　日

填报说明：本表由苗木采购单位填报，项目监理单位、承包单位各存一份。

《旁站监理记录》见附表 A6。

填写《旁站监理记录》，在旁站的关键部位、关键工序施工情况一栏中，应详细记录查看随车所带手续，证苗是否一致；苗木产地、规格、数量情况；合格苗抽查情况；以及承包单位是否按技术要求卸车，注意苗木土球保护，防止机械损伤等情况。

为了便于报验苗木统计汇总，监理验收人员应填写《苗木报验登记表》，此表将作为施工资料和监理资料保存。装订时可放在《施工资料》的苗木报审材料前和监理资料的《旁站记录》前，《苗木报验登记表》如表 6-2 所示。

表 6-2　苗木报验登记表

日期	苗木产地	随车苗木"两证一签"材料情况	报验苗木			合格		清退不合格苗木	验收人	备注
			树种	规格	数量	数量	%			

2. 严格植苗工序验收

植苗工序包括植苗、浇定根水和培土踩实3个环节。在植苗工序结束后，承包单位应在自检合格的基础上，填写《植苗报验表》，并附自检报告送项目监理单位验收。项目监理单位在收到植苗报验申请后，应派营造林监理员到现场进行查看验收，验收内容主要有2个方面：

（1）查看苗木质量是否达到设计要求。虽在苗木进场时监理人员对苗木质量进行了把关，但由于施工面积大，难免会存在没有发现的死角。有些应退场的不合格苗木，运输苗木的供应商不愿再装车拉走，遗弃的施工现场，部分承包单位认为这部分苗木不用花钱，施工工地面积大，监理如不认真，就有可能不会被发现，存在侥幸心理，用其造林。监理人员在验收时如发现不合格苗木，应责令其更换为合格苗木，并对不合格苗就地销毁，或强制监督拉出造林施工区，防止承包单位在监理检查走后重新用其造林。

（2）查看浇定根水情况和培土踩实扶正情况。植苗后浇第一遍水非常重要，通常称为定根水，一定要浇透浇足。在北方干旱地区，最好在栽植前先浇水润坑，栽植后及时浇水，浇水后，坑内的土下陷，一定要及时扶正苗木培土踩实，防止苗倒根部透风，并覆土减少植苗坑的水分蒸腾。

监理人员经检验合格后，方可在《植苗报验表》上签字，予以验收。《植苗报验表》见附表B7-2。

附件植苗自检报告示范材料如下：

植苗自检报告

_____（监理单位）：

我单位严格按照设计要求，在监理人员的监督管理下，于_____年_____月_____日完成了标段_____小班的植苗造林工作，经我单位技术部门组织检查，共植_____苗_____株，其中：植某规格某树种_____株，植某规格某树种_____株。整个植苗工序完全按照设计实施，在植苗后，及时浇足了定根水，并在浇水后对栽植苗木进行了培土扶正。经自查，所栽苗木规格全部达到设计要求，特报验，请予以验收。

承包单位（盖章）

项目负责人（签字）

_____年_____月_____日

三、抚育灌溉

工程造林所有苗木多为50cm以上的大苗，苗木冠幅较大，春季造林后，苗木还在缓苗期，而气候很快就进入到了夏季，气温升高，苗木的蒸腾量很大，因此，及时灌溉非常重要。根据林业生产实践，新造林地第一年浇水抚育应为3~4次，承包单位的浇水次数通常在施工合同中已明确，监理应按施工合同对承包单位的浇水次数进行监督。在造林后，有3次抚育浇水极为重要，第一次是在植苗后的第一周左右的第一次浇水培土踩实，因为在植苗后经过一周左右的土壤下沉，部分苗木的部分根部可能会外露，苗木倾斜，土壤出现透气等情况，因此，需要及时的扶正培土踩实浇水。当年的第二、三次抚育浇水应视土壤干旱情况由承包单位自行确定。第二次重要的抚育浇水是造林当年的最后一次浇的上冻水,这次水是确保苗木第一年安全越冬的关键。第三次重要的抚育浇水是第二年春化冻时的抚育浇水,土壤在化冻时,土壤变得疏松,加之春天风大,苗木被风吹来回晃动,苗木根部容易透气,从而影响苗木成活,因此,此时培土踩实浇水极为关键。

应在浇水后(约1天后),对水盘内进行覆土,也可对水盘内因浇水结硬壳的土壤进行疏松,从而达到切断毛细管的作用,减少土壤中水分蒸腾。

承包单位在抚育浇水工序完成后,需进行自检,自检合格后,承包单位应填写《抚育/灌溉报验表》,并附自检报告送项目监理单位验收。项目监理单位在收到抚育/灌溉报验申请后,应派营造林监理员到现场进行查看验收,验收主要内容是:水是否浇透;苗是否扶正;培土是否达到设计要求,土是否踩实,有无露根情况;水盘修整是否符合设计要求;其他,如是否按设计要求抹去分支点以下的萌芽、修剪等。

监理人员经检验合格后,方可在《抚育/灌溉报验表》上签字。对于造林绿化面积不大,集中连片的地块,无需按检验批单独报验,可在数个检验批集中抚育灌溉后一并报验。

《抚育/灌溉报验表》见附表B7-3。

附件抚育/灌溉自检报告示范材料如下:

抚育/灌溉自检报告

_____(监理单位):

我单位严格按照设计要求,在监理人员的监督管理下,于_____年_____月_____日完成了_____标段_____小班的第_____次抚育浇水工作,经我单位技术部门组织的检查,我单位按设计要求对所有苗木进行浇水,并在浇水后对苗木进行了培土扶正。经自查,全部达到设计要求,特报验,请予以验收。

承包单位(盖章)

项目负责人(签字)

___年___月___日

四、防风倒支撑

当栽植苗木在1.5m以上时,植苗后,为防止风倒,设计往往要求对苗木采取支撑防风倒措施。承包单位在完成苗木支撑后,应在自检合格的基础上,根据实际情况,可将多个小班一并报验。填写《苗木防风倒支撑报验表》,并附自检报告送项目监理单位验收。《苗木防风倒支撑报验表》见附表B7-4。

附件《防风倒支撑自检报告》示范材料如下:

防风倒支撑自检报告

_____(监理单位):

我单位严格按照设计要求,在监理人员的监督管理下,于_____年_____月_____日完成了_____标段_____小班的防风倒支撑工作,经我单位技术部门组织检查,所有苗木防风倒支撑已达到设计要求,特报验,请予以验收。

承包单位(盖章)
项目负责人(签字)
___年___月___日

有的施工设计要求在植苗后要进行树干涂白和病虫害防治,关于涂白和病虫害防治的报验可参照防风倒支撑报验程序,在完成涂白和打药工作后,在自检合格的基础上,根据实际情况,可将多个小班一并报验。

第四节 灌溉设施和照明电路设施安装施工报验

在一些景观绿化造林和园林绿化中,设计要求埋设地下灌溉设施和照明电路设施。关于灌溉设施和照明电路设施安装施工的监理,相对较为简单,按如下程序进行:

1. 灌溉设施和照明电路设施安装施工检验批的划分

根据灌溉设施和照明电路设施安装施工特点,其检验批划分原则应按灌溉系统和照明系统独立集中地块来进行划分。如一个小型绿化广场可以划分为一个检验批。对于灌溉设施和照明电路的检验批,地块可以相同,但报验应分别报验。

2. 工程材料报审

有关灌溉设施所用管材和照明设施所需的照明用材等工程材料,采购前应通知监理机构,按程序上报《工程材料供应单位资质报审表》(附表B4-4),并附管材和照明用材供应单位营业执照和经营许可证,确保购买的管材和照明用材等材料为国家有关部门批准的正规产品,经监理机构审核批准后方允许采购。在管材和照明用材等工程材料进场时,承包单位应填写《工程材料进场报审表》(附表B6-4),报请监理人员到现场验收,监理人员需查看质量合格证、出厂合格证、化验单等质量证明材料,并查看实物,确认运抵工地的工程材料与书面质量证明材料一致,方可同意进场。监理工程师还应对进场材料进行见证取样,指示承包单位将样品送到指定实验单位进行分析,材料分析结果达到设计要求,方可同意使用。

3. 施工工序报验内容

以灌溉设施施工为例,报验内容包括定点测量放线、挖管沟和修建阀门井、管道铺设试压、回填四道报验程序,报验程序参照营造林工程施工报验程序,报验表用附表B5、附表B7。

关于灌溉设施报验自检报告中的注意事项:

(1)测量定点放线成果图,因仅仅是放线,还未安装管道,故不要在图上标注管道规格等。

(2) 挖管沟和修阀门井报验，在自检报告中要写明所挖管沟的规格和长度，阀门井的规格和数量。

(3) 管道铺设试压是施工的重要工序，在自检报告中要写明各种管道安装的数量（长度）、安装阀门的数量、泄水阀数量等。管道铺设完成后，需进行通水试压，试验结果应填写《通水试验记录》。《通水试验记录》见附表B15。

(4) 回填工序要注明分层夯实。

4. 灌溉设施施工完成报验

灌溉设施施工完成后，承包单位应整理有关资料，绘制灌溉设施安装竣工图，填写《分部工程报验表》，送项目监理单位申请报验。《分部工程报验表》见附表B8。

照明电路的施工报验内容参照灌溉设施施工报验。

第五节 工期延期处理

在其他建设工程的监理中，工期是一个非常重要的控制因素，工期一般以天为单位进行计算，工期推迟，可能会给建设单位造成较大的经济损失。而营造林工程完全不同于其他建设工程，因造林季节性强，如春季没有完成造林任务，只能推迟到秋季或第二年春季造林。因此，在无特殊情况下，我们一般强调当年完成造林任务，不同意工期延期。

但在营造林工程监理过程中，有很多因素可能会造成的工程延期，按照监理有关规定，凡不是承包单位责任造成的工期延期，都应允许承包单位的工期索赔，考虑予以工期延期。

一、造成工期延误应允许工期索赔的原因

(1) 建设单位提供的设计与现场严重不符，造成承包单位无法按设计施工而延误。

(2) 承包单位中标进场较晚，从理论上计算，承包单位已无法在合同约定时间内完成造林任务。这种情况在实际工作中并不少见，很多的工程因批复较晚，建设单位接《批复》后匆忙按程序开始招标，待承包单位中标进场时，造林季节已过半。在建设单位与承包单位签订的合同时，明知不可能在春季完成任务，但为了应付上级部门，建设单位和承包单位达成了一种默契，建设单位考虑，合同竣工时间按《批复》要求先写上，如在合同期内完不成造林任务再考虑推迟到秋季、雨季造林，验收时间推迟到秋季后验收；承包单位考虑，先把任务接下来再说，如在合同期内不能完成造林任务时再与建设单位协商等。正因为这种签订合同的不严谨，造成了工期的人为延误。

(3) 其他原因。如在造林前土地流转、腾退工作滞后，承包单位进场时老百姓不让造林，这种情况在各地普遍存在，应予以重视；按合同约定建设单位提供苗木不能按时到场；设计变更拖延等原因造成的工期延误。

二、工期延期处理程序

1. 承包单位递交工期延期申请材料

发生非承包单位责任引起的工期延误事件后,承包单位应在规定的时间内(28天)向监理单位提出工期索赔申请,在造林季节结束前(在竣工日期前),向项目监理单位递交《工程临时/最终延期申请表》,并附工期延期申请报告。《工程临时/最终延期申请表》见附表B14。

2. 项目监理单位审查工期延期申请材料

项目监理单位在接到承包单位提交的工期延期申请材料后,应对承包单位提交的延期申请进行审查核实,如申请工期延期理由充分,造成工期延误的原因并非承包单位责任,项目监理单位应考虑予以延期,提出延期审核意见,报建设单位审批。

第六节 《监理通知》与《工程暂停令》的应用

在施工阶段的监理中,监理人员发现问题(包括质量、进度、投资以及施工资料整理等方面的问题),无论是事件正在延续还是已经结束,都应签发《监理通知》,要求整改。《监理通知》通常由监理工程师签发,如遇较大的问题,超过了监理工程师的权限,应由总监理工程师签发。如监理人员在监理中发现施工中出现重大的质量事故和安全隐患、或未经批准擅自施工、未按工程设计文件施工、未按批准的施工组织设计、违反工程建设强制性标准施工,且事件正在延续发生或即将发生,监理人员认为必须暂停某小班或整个工程的施工,及时进行整改后才能保证工程质量和安全的情况下,应向总监理工程师汇报,总监理工程师与建设单位代表沟通,征得建设单位代表同意后,由总监理工程师签发《工程暂停令》。承包单位在接到总监理工程师签发的《工程暂停令》后,应按总监理工程师的指令暂停指定小班作业,立即进行整改。

1. 签发《监理通知》案例

某承包单位报验的苗木有部分达不到设计苗木标准,监理人员已下指令退回不得使用,但在后来的验收中,发现该承包单位偷偷用这部分不合格苗造了林,监理人员巡视发现后,向监理工程师汇报,于是监理工程师签发了《监理通知》。签发样式如下:

表 A3　监理通知

工程名称		编　号	
地　点		日　期	

致：_____（施工项目经理部）：

　　我监理员在巡视你单位承包的某小班施工质量时发现，你标段在植苗过程中，用我监理人员已责令退回的不合格苗造了林，此做法严重违反造林合同关于苗木质量的约定，后果极为严重。为确保工程质量，特责令你们立即整改，将所有不合格苗起出，重新用合格苗造林。

　　请于___月___日前将其整改结果报我单位。

项目监理单位(盖章)

总/专业监理工程师(签字)

年　月　日

填报说明：本表一式三份，项目监理单位、建设单位、承包单位各一份。

承包单位在收到《监理通知》后，应按监理工程师的指令进行整改，监理人员应到现场进行监督，承包单位整改完成后，应填写《监理通知回复单》，并附整改报告报送项目监理单位，《监理通知回复单》样式如下：

表 B9　监理通知回复单

工程名称		编　号	
地　点		日　期	

致：_____（项目监理单位）：

　　我单位接到编号为___的监理通知后，已按要求进行了整改工作，不合格苗已全部起出清退出场，并按设计要求重新进苗（苗木已通过贵单位监理人员的报验），截止到___月___日，整改工作已经结束，经自检，符合设计质量要求，现报上，请予以复查。

　　附：整改报告

施工项目经理部(盖章)

项目经理(签字)

年　月　日

复查意见：

项目监理单位(盖章)

总监理工程师/专业监理工程师(签字)

年　月　日

填报说明：本表一式三份，项目监理单位、建设单位、承包单位各一份。

《整改报告》样式如下：

整改报告

　　_____项目监理单位：

　　我单位于____年____月____日接到贵单位编号为____的《监理通知》后，针对我单位在造林管理中存在的问题进行了深刻的反省，并对有关责任人进行了严厉的批评。我单位按照《监理通知》的要求，在贵单位监理人员的监督管理下进行了全面整改，不合格苗已全部起出清退出场，并按设计要求重新进苗（苗木已通过贵单位监理人员的验收）。截至到____年____月____日，我单位已完成全部整改工作，经自检，符合设计质量要求。特提请复查。

施工项目经理部（盖章）
项目负责人（签字）
年　月　日

---

2. 签发《工程暂停令》案例

山西省某绿化工程某小班设计造林苗木为新疆杨，由于山西新疆杨苗源紧张，负责该工程的承包单位便通过网上从黑龙江绥化采购了一批杨树，想蒙混过关用其造林，监理人员在苗木报验时发现该批苗木不是新疆杨，并责令退回不得使用，但承包单位拒不执行监理员的指令，坚持要用其造林，监理员立即向监理工程师汇报，总监理工程师与建设单位代表进行沟通，征得建设单位代表的同意，总监理工程师便签发《工程暂停令》。签发样式如下：

表 A5　工程暂停令

工程名称		编　号	
地　点		日　期	

致：_____（施工项目经理部）

　　我监理员在验收你单位报审苗木时发现，你单位报验苗木并非设计要求的新疆杨。为严守合同，确保造林质量，现通知你单位立即暂停____小班造林作业，并按下述要求做好各项工作：

　　1. 不合格苗应立即清退出施工现场。
　　2. 重新按设计要求进苗，并按苗木报审程序报验，经我监理人员验收合格后方可允许造林。

项目监理单位（盖章）
总监理工程师（签字、加盖执业印章）
年　月　日

填报说明：本表一式三份，项目监理单位、建设单位、承包单位各一份。

承包单位在收到总监理工程师签发的《工程暂停令》后，立即按总监理工程师的指令进行整改，整改后填写《复工报审表》，报总监理工程师审查，通过审查后，再送建设单位代表审批。《复工报审表》样式如下：

表 B3 复工报审表

工程名称		编　号	
地　　点		日　期	

致：_____（项目监理单位）

　　我单位在收到编号为____号的《工程暂停令》后，立即按要求进行了整改，目前整改工作已结束，具备了复工条件，特此申请复工，请核查并签发复工指令。

　　附：复工报告

施工项目经理部(盖章)

项目经理(签字)

年　月　日

审查意见：

项目监理单位(盖章)

总监理工程师(签字)

年　月　日

审批意见：

建设单位(盖章)

建设单位代表(签字)

年　月　日

填报说明：本表一式三份，项目监理单位、建设单位、承包单位各一份。

《复工报告》样式如下：

复工报告

_____建设单位

_____监理单位

　　我单位于____年____月____日接到贵单位编号为_____的《工程暂停令》后，针对我单位在造林管理中存在的问题进行了深刻的反省，并对有关责任人进行了严厉的批评。我单位按《工程暂停令》的要求，在贵单位监理人员的监督下，将已栽植的不合格杨树苗全部起出清退出场，并按设计要求重新采购了新疆杨，苗木已按监理程序通过贵单位监理人员的报验，现造林的准备工作就绪，特此申请复工，请核查并签发复工指令。

承包单位(盖章)

项目负责人(签字)

年　月　日

建设单位代表审批同意复工后，总监理工程师签发《工程复工令》，恢复施工。《工程复工令》签发如下：

表 A7　工程复工令

工程名称		编　号	
地　　点		日　期	

致：_____（施工项目经理部）：
　　我单位发出的编号为_____《工程暂停令》，要求暂停施工的　小班造林　，经查已具备复工条件。经建设单位同意，现通知你单位于_____年___月___日___时起恢复施工。
　　附件：工程复工报审表

　　　　　　　　　　　　　　　　　　　　　　　　　　　　　项目监理单位(盖章)
　　　　　　　　　　　　　　　　　　　　　　　　　　　　　总监理工程师(签字、加盖执业印章)

　　　　　　　　　　　　　　　　　　　　　　　　　　　　　　　　年　　月　　日

填报说明：本表一式三份，项目监理单位、建设单位、承包单位各一份。

第七节　控制工程变更

目前各地营造林普遍存在任务量大，下达任务到施工间隔时间较短，因此，边施工边设计、先施工后设计的现象普遍存在。同时很多的营造林作业设计，设计人员根本没有到现场进行详细的小班调查，有的甚至不到现场，而是在地形图上直接勾绘，设计没有针对性，设计的小班与现场立地条件严重不符。由于设计不精确，导致它失去了它应有的严肃性，因此，工程变更在营造林工程建设中经常发生。营造林工程变更频繁的另一个主要原因是，各级领导参与指导营造林工程，由于造林绿化、美化环境，是一项深得民心的工程，因此，各级领导都非常重视营造林工程实施。由于营造林工程不同于其他建设工程，其他建设工程设计严密，没有经过精密计算的变更可能会导致坍塌，危及工程安全。而林业设计的变更无安全风险，因此，部分地方各级领导为体现对生态工程的重视，存在喜欢凭自己的感觉和上级某领导的意见指示变更设计现象，提高造林规格，变更造林树种、变更造林模式等。当前监理控制设计变更最难的也就是各级领导频繁指示的变更。

一、营造林工程变更的内容

营造林工程变更内容主要有以下几个方面：
1. 施工面积的变更
造成施工面积变更的原因主要有 2 个方面：一是设计小班面积勾绘不准确。小班设计一般用 1∶10 000 的地形图勾绘，有的用 1∶25 000 的地形图勾绘，对一些面积比较小的小班，很容易出现较大的面积误差；二是人为的变更，即建设单位在施工中指令增加或减少施工面积。

2. 整地方式的变更

造成整地方式的变更原因主要发生在设计小班与现场立地条件严重不符情况，如有的设计小班采用大坑整地，栽植大苗，而小班实际情况是土层很薄，无法大坑整地，只能栽植小苗。也可能是造林树种规格的变更而引起的整地方式的变更，如设计是小苗，后变更为栽大苗等。

3. 种苗以及有关材料的变更

造成该种情况的变更，主要是人为的变更，如建设单位要求更换树种和提高种苗规格等。

4. 其他变更

其他变更包括造林地位置的变更等。

二、工程变更管理程序

工程变更原因可能是建设单位提出来的，也有可能是设计单位或承包单位提出来的，但无论哪方提出变更，都必须严格按照变更程序办。工程变更管理程序如图6-5所示。

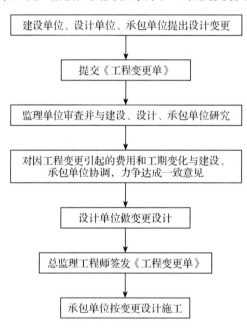

图6-5 工程变更管理程序框图

《工程变更单》见附表C2。

三、监理工程师控制工程变更的方法

设计变更难以避免，但作为一个负责任的监理工程师，要尽量避免其发生。控制减少工程变更的方法主要有以下2个方面：

（1）在施工准备阶段要协助建设单位认真审查设计文件，发现问题要及时向建设单位提出，帮助建设单位优化设计，把问题解决在施工前。

（2）很多变更都是建设单位指令的随意性造成的，因此，监理工程师应和建设单位搞好沟通，特别要和建设单位讲清楚，随意的变更，可能会打乱原造林计划，突破投资规模，为后续的审计等工作带来麻烦，造成不必要的被动。因此，变更要按程序办事，在各方协调一致的情况下方可允许变更。

四、监理工程师控制工程变更的原则

营造林工程因设计精度低，设计变更难以避免，由于我们的营造林工程项目的投资是经上级部门严格审查批准的，投资额是固定的，因此，在无特殊情况（上级同意追加投资），工程变更应控制在投资范围内，不得增加投资。

在变更事件发生后，建设单位、设计单位和承包单位就造价问题出现较大分歧后，监理单位出面协调，对造价的后期控制，主要依据以下 2 个方面的原则：

（1）将施工实际完成工程量与设计相比较。如果实际完成工程量少于设计工程量，按实际完成工程量计量。如果实际完成工程量大于或等于设计工程量，按设计完成工程量计量。

（2）如果受建设单位委托，可对设计单位的设计依据进行审查，特别是对设计的在招投标清单外的经济指标的合法性、合理性进行审查，如经审查经济指标合法、合理，将对设计造价进行确认；如发现其经济指标不合法、不合理，可告知建设单位指示设计单位整改调整，也可由建设单位组织，监理单位、设计单位、造价单位和承包单位共同协商调整经济指标。监理单位对造价的审查结果，仅供建设单位决策参考，不能作为建设单位项目造价决算的依据。

案例：某监理公司受建设单位委托负责某森林公园施工监理，在施工过程中，建设单位提出变更部分绿化品种（招投标清单外的品种）和增加部分小品景点。设计单位按建设单位的要求进行设计，建设单位审查设计图纸，认为设计做得不错，在未向设计单位详细了解费用变更情况，也没有向监理单位通报费用增加情况下，便下发图纸，指示承包单位按图施工。施工结束后，承包单位报价大大超过建设单位掌控的投资总额，建设单位便指示监理单位进行造价审查，并要求监理单位对承包单位的报价进行大幅度砍价，期望以此对造价进行控制。

问题一：针对变更中出现的问题，请指出建设单位的失误、设计单位的失误、监理单位的失误和承包单位的失误。

答：

1. 建设单位的主要失误

（1）在指示设计单位做设计变更前，未要求设计单位按照投资控制额度进行变更设计。

（2）没有向监理单位和承包单位告知变更设计造价情况，盲目指令承包单位按图施工。

（3）在承包单位完成施工后的上报投资价格后，指示监理单位进行造价审查不妥，理由是：

①监理公司没有造价审查资质，因此不具备造价审查资格。

②根据监理委托合同，监理单位只是负责施工阶段的施工监理，没有对工程重大问题的决策权，监理单位对施工阶段的投资控制，仅限于对承包单位完成的在设计图纸范围

内，符合设计质量要求的工程量进行确认，做到不超计、不漏计。对于工程造价，应由建设单位委托具有资质的造价公司进行审查。

2. 设计单位的主要失误

（1）在变更设计工作开展前，未向建设单位问清楚变更设计控制投资造价情况，盲目进行变更设计。

（2）在变更设计完成后，未向建设单位告知变更造价情况，提交详细的造价清单。

3. 监理单位的主要失误

在建设单位下发图纸时，没有对图纸进行严格审查，也未向建设单位询问变更后的投资费用增加情况，盲目执行建设单位的指示，指令承包单位按变更设计施工。

4. 承包单位的失误

承包单位在收到施工图纸后，未对变更后的设计进行认真的成本核算，也未向建设单位询问实际控制造价，盲目施工，从而造成被动。

问题二：针对此类情况，监理单位应如何处理？

答：出现变更设计后费用超投资造价情况，责任主要在于建设单位，承包单位不经成本核算，盲目施工，也应负一定的责任。监理单位应与建设单位搞好沟通，建议由建设单位出面聘请具有资质的造价公司，对施工造价进行审查，提出审查造价意见，与承包单位进行协商，力争达成一致意见。

问题三：简述类似情况的设计变更程序。

答：1. 建设单位提出变更，应填写《工程变更单》，提交变更主要内容和费用增加情况，交监理单位进行审查。

2. 监理单位对变更内容和费用的审查，主要是替建设单位把关，防止增加费用突破投资总额。

3. 如通过审查，建设单位应将变更内容和控制费用额度告知设计单位，设计单位按建设单位要求进行设计。

4. 设计工作完成后，设计公司除交付符合建设单位要求的设计图纸外，还应提交详细的变更工程量和造价清单，供建设单位审查。

5. 建设单位应聘请具有造价资质的造价单位对变更造价进行计算审查，如设计和造价预算均通过建设单位审查，变更设计图纸可下发给监理单位和承包单位。（注：如建设单位未聘请造价公司对工程变更造价进行审查，便下发变更设计图纸，监理和承包单位则可认为建设单位已认可设计单位的变更预算）。

6. 监理单位应组织专业监理工程师熟悉设计图纸，如发现问题（设计违反有关规定等）应及时告知建设单位，再交设计单位整改。

7. 承包单位在接到设计图纸后，应认真熟悉图纸，并进行成本核算，如发现建设单位提供的造价过低，承包单位无利可图，甚至会亏损，可将自己的成本核算结果告知监理单位，请监理单位出面协调。

8. 如对造价有异议，监理单位应与建设单位和承包单位进行协调，力争达成一致意见。

9. 总监理工程师签发《工程变更单》。

10. 承包单位按设计施工，监理单位按设计进行监控。

第八节 工程质量问题和质量事故的处理

一、影响造林质量的因素

影响造林质量的因素,归结起来包括有人、机、料、法、环5个方面的因素:

1. 人

人的因素是主要原因,施工和管理人员素质差,都会严重影响造林质量。因此,加强对施工人员的培训和监督管理,是提高造林质量的主要手段。

2. 机

使用了不合格的设备或没有必要的施工设备,如排水、灌溉、整地设备等;在关键时刻排不出去水会造成涝灾,在干旱时无法浇灌会造成旱灾,这些都会影响到造林质量。

3. 料

使用不合格的苗木、肥料、药品等。如在适生区外调苗,苗木质量达不到设计要求等。

4. 法

操作方法存在问题;如苗木包装运输方法不当、野蛮装卸苗木、破坏土球(营养杯)、裸根苗造林窝根等。

5. 环

环境方面存在的问题。如旱、涝、风灾以及人畜破坏等。

二、造林质量问题与造林事故的处理

由于营造林工程施工作业面积大,设计相对精度低,施工队伍素质普遍较差,再加之营造林工程质量问题和质量事故不会危及人身安全,各小班施工相对独立,某一小班出现工程质量事故不会影响到整个工程的质量安全,以及现阶段国家对营造林工程质量事故没有明确的处罚规定,因此,与其他各类工程建设相比较,参与建设各方对工程建设中出现质量问题和质量事故的重视程度都相差甚远。甚至一些承包单位为了降低成本,以次充好、弄虚作假,故意制造质量问题和质量事故。因此,加强对营造林工程建设的管理,正确及时处理施工过程中出现的质量问题和质量事故,防止类似事件的再次发生,是当前监理机构进行工程质量控制的关键环节,必须引起足够的重视。

1. 营造林工程建设中常见的质量问题和质量事故

营造林工程常见的质量问题和质量事故主要有以下4个方面:

(1)未按设计进行测量定点放线。主要存在问题是:放线位置不准确。一些承包单位在放线前未认真熟悉设计,盲目放线,放线的造林密度和造林模式与设计严重不符。

(2)整地质量达不到设计要求。主要存在的问题是:植树坑的规格达不到设计要求,未按造林模式整地。有的承包单位在施工过程中遇到整地难度较大地块,甚至故意遗漏不整地。

(3)苗木质量达不到设计要求。主要存在的问题是:有的承包单位由于造林品种与设计不符,或苗木规格(包括苗高、直径、冠幅、土球等)达不到设计要求,便在苗木进场时

不按监理程序报验，偷偷用其造林；有的承包单位在适生区外调苗，或在苗木病虫害疫区调苗，然后在适生区内找一些管理不规范的林业局开具假检疫证、假合格证等手续，蒙混监理审查过关，用其造林，酿成重大质量事故。

（4）造林后的管护工作不到位。造林后，在管护阶段未按设计进行防风倒支撑或支撑不牢；林地杂草未及时清理，林地卫生差，存在严重火灾隐患；病虫害未及时防治；管护人员不到位，牛羊牲畜自由出入践踏啃树吃苗，破坏新造林地等。

2. 造林质量问题与造林质量事故的处理方案

造林质量问题和质量事故的处理方案有以下类型：

（1）修补处理。这是最常用的一类处理方案。在施工过程中，如发现承包单位在某部位施工达不到设计要求，监理单位可根据《施工合同》约定，指示其对缺陷部位进行修补处理，以达到设计标准。如某个检验批、分项分部的造林质量（成活率）达不到合同约定（不低于国家标准）的要求，造林成活率在40%以上，监理单位就应责成承包单位进行补植补播，使其造林成活率和保存率达到合同约定要求。

（2）返工处理。当某个检验批、分项分部的造林质量达不到国家或合同约定的要求，造林成活率低于40%，则须返工重造。在施工过程中，如发现承包单位栽植苗木质量达不到设计要求，项目监理单位可根据《施工合同》约定，指示其进行局部返工。

（3）不做处理。当某个检验批、分项分部的造林质量达不到合同约定要求，但经验收满足国家标准要求，经建设单位、承包单位和项目监理单位三方协商，可以不做处理。例如，合同约定造林成活率达95%以上，而实际调查的造林成活率只有90%，虽达不到合同约定要求，但满足国家规定的造林成活率在85%以上的验收标准，经协商，可不做补植修补处理。又如有的承包单位因采购不到《施工合同》约定的高规格苗木，营造了适当降低规格的苗木，在施工过程中已与项目监理单位和建设单位进行了协商，并经建设单位同意，在验收时可适当降低验收标准，不做返工处理。以上两例虽可不做修补和返工处理，但建设单位仍会按照《施工合同》的有关约定对承包单位进行经济处罚。

3. 造林质量事故与造林质量问题的处理程序

这里指的造林质量问题与造林质量事故的处理程序，是指监理机构对承包单位的施工违约造成的质量问题和质量事故的处理程序。

（1）质量问题的处理程序。质量问题在营造林工程建设中经常发生，监理工程师应及时处理，防止问题扩大，发展为质量事故。质量问题按以下程序进行处理：

①发现质量问题，监理工程师应向承包单位发出《监理通知》，责令承包单位立即整改。

②承包单位按监理工程师指令进行整改，监理人员跟踪检查承包单位整改实施情况。

③整改结束后，承包单位填写《监理通知回复单》，报送项目监理单位。

④项目监理单位验收质量问题处理结果，监理工程师签署复查意见。

⑤将完整的处理记录整理归档。

（2）质量事故的处理程序。质量事故发生后，监理工程师应按以下程序进行处理。

①质量事故发生后，如正在施工，总监理工程师应与建设单位代表沟通，征得建设单位代表的同意，应签发《工程暂停令》，要求停止进行质量缺陷部位和与其有关联部位及下道工序施工，立即进行整改。并要求施工项目经理部在规定时间内向项目监理单位和建设

单位上报,并写出书面整改措施报告。

②对施工项目经理部上报书面报告进行审查。项目监理单位和建设单位在接到施工项目经理部上报的质量事故报告后,应对质量事故进行调查,对质量事故原因进行分析,分清责任(分清是设计问题、种苗质量问题,还是施工方面的问题),并审查施工项目经理部上报的整改措施,研究制订处理方案。

③总监理工程师签发处理方案。

④施工项目经理部按批准处理方案进行施工,项目监理单位监督承包单位实施处理方案。

⑤处理完毕,施工项目经理部自检合格,填写《报验申请表》,并附有关自检报告和监理工程师签认的隐蔽工程检查纪录和质量证明资料,报监理机构申请验收,监理单位组织验收。

⑥通过验收后,项目监理单位要求施工项目经理部整理编写质量事故处理报告,填写《复工报审表》,送总监理工程师审查,通过审查后,再报请建设单位代表审批。

⑦通过建设单位代表审批后,总监理工程师签发《工程复工令》,恢复正常施工。

⑧有关处理记录、资料应整理归档。

(3)重大质量事故的处理程序。重大质量事故发生后,监理工程师应及时向总监理工程师汇报,总监理工程师应按如下程序进行处理。

①如果重大质量事故事件正在延续发生,总监理工程师应下达《工程暂停令》,停止该事件发生工序或部位施工,防止质量事故进一步扩大,并要求责任单位在规定时间内向项目监理单位和建设单位上报,并写出书面报告。

②及时与建设单位沟通,由建设单位按国家工程质量事故上报有关规定,在规定时间内向上级主管部门汇报。

③积极配合上级主管部门对发生质量事故的调查工作。

④根据上级主管部门对质量事故的处理意见,由建设单位组织设计、施工、监理等单位共同研究制订质量事故施工处理方案。

⑤总监理工程师审核签发质量事故施工处理方案。

⑥施工项目经理部按批准的处理方案进行施工,项目监理单位监督承包单位实施处理方案。

⑦实施处理完毕,施工项目经理部自检合格,填写《报验申请表》,并附有关自检报告、监理工程师签认的隐蔽工程检查纪录和质量证明资料,报监理机构申请验收,建设单位(或项目监理单位)组织验收。

⑧通过验收后,项目监理单位要求承包单位整理编写质量事故处理报告,填写《复工报审表》,送总监理工程师审查,通过审查后,再报请建设单位代表审批。

⑨通过建设单位代表审批后,总监理工程师签发《工程复工令》,恢复正常施工。

⑩有关处理记录、资料应整理归档。

第九节　施工阶段竣工验收

　　按照监理程序，当每一阶段工作结束，都必须进行工程建设的阶段性验收，施工阶段结束时的验收，我们通常称为工程的竣工验收。施工阶段的竣工验收极为重要，它不仅要求对当年造林质量进行验收，更主要是对造林的数量(面积和株数)进行验收，因此，它是投资控制中最关键的环节。过去由于没有引进监理机制，很多地方没有采取正确的验收方法或在验收中走过场，从而出现了虚报造林成果，套取国家造林经费的现象。建设项目的总验收是指工程在第三年的管护阶段结束后，建设单位在竣工验收的基础上，组织对工程造林的质量(三年保存率、苗木生长情况)进行验收。可见施工阶段的竣工验收在项目建设中占有极其重要的地位。

　　营造林工程不同于其他建设工程，其他建设工程的竣工验收主要侧重于工程质量、外观，因此，其验收相对比较简单，验收时主要是查看建设过程中的有关施工记录、资料，在现场查看外观，如资料、外观能满足设计要求，工程也就顺利通过了竣工验收。营造林工程施工阶段的竣工验收主要是侧重于工程造林的数量和质量。目前有的地方的生态投资很大，每亩造林成本已达5000~6000元，甚至多达数万元，不同树种、不同规格的苗木造林成本不同，单株苗木造林投入从四五十元到数千元不等，因此，林业生态工程的竣工验收已由过去的面积验收逐步发展到对面积和株数的验收。因营造林工程实施满山遍野，有的是在荒山秃岭上，有的是在沟壑林立的荒山上，有的是在灌丛中，可见造林施工场地极为复杂，因此，要想较为准确的计算施工作业面积、数清造林株数，其难度是不言而喻的。相比其他建设工程，营造林工程的竣工验收更为复杂。

　　营造林工程的施工阶段的验收时间通常在施工合同中进行了约定，有的约定在春季造林结束后的5月下旬进行，有的约定在秋季造林结束后的10月下旬进行。大多选择10月下旬，为了便于验收，监理单位应根据当地的实际情况，在入冬下雪前完成造林施工验收工作。

　　营造林工程的特性决定了它独特的验收方法，现结合我们在营造林工程监理中的实践，简单介绍营造林工程竣工验收的程序和方法。

一、验收程序

1. 制订防止承包单位虚报造林成果的管理办法

　　根据林业生产多年的经验，承包单位虚报造林面积和株数的现象相当普遍，为防止承包单位虚报造林成果，建设单位有必要在竣工验收前制订有关防止不法承包单位虚报造林成果的管理办法，并与承包单位签订有关如实上报造林成果的协议，虚报将予以处罚的约定，以防止承包单位虚报造林成果。由于营造林工程的造林地形复杂，作业设计多为粗放，小班施工作业面积往往小于小班面积，造林实际面积和株数往往达不到设计的面积和株数，而承包单位常常利用林业生产的这种复杂性，故意用设计面积和株数来代替上报完成面积和株数，这样就形成了虚报。因此，在验收前最好要制订一个管理办法，由承包单位向建设单位签订一份《诚信承诺书》防止虚报，从而可以避免在下一阶段的验收中出现不必要的麻烦，为工程竣工顺利验收打下一个好的基础。

《诚信承诺书》样式如下：

诚信承诺书

_____林业局：

按照施工合同约定，我单位已于　　月　　日完成施工合同约定的造林任务。经自检，质量、数量均达到合同约定要求，现将其自检材料如实上报，请予以审查验收。我单位承诺，所上报材料真实可靠，如有虚报，我单位将承担虚报工程款2倍的处罚。

承包单位（盖章）
项目负责人（签字）
_____年_____月_____日

2. 施工项目经理部必须搞好自检工作、整理施工资料、填写《造林成果汇总表》，如实上报造林成果，绘制竣工示意图，向项目监理单位提交《单位工程竣工验收报审表》，申请竣工报验

承包单位在工程造林结束后，根据建设单位与承包单位签订的施工合同，项目监理单位应及时督促施工项目经理部做好自检工作，对不合格苗和死苗进行更换，移栽的空地应及时补植，经自检合格后，整理施工资料，绘制竣工验收图，向项目监理单位如实上报造林成果，填写《工程造林成果（分小班）汇总表》（表6-3）和《工程造林成果（分树种）汇总表》（表6-4）。提交《单位工程竣工验收报审表》（表B10），申请竣工报验。

3. 项目监理单位认真审查施工项目经理部上报的有关资料

项目监理单位对照施工项目经理部在施工过程中的报验材料和监理人员验收的质量和数量情况，认真审核施工项目经理部上报的有关资料，确认上报材料是否真实可靠。具体审查内容有：

（1）上报造林的苗木规格、数量与苗木报验的规格、数量是否一致。在施工中进苗的数量应大于或等于造林植苗的数量，如果进苗量小，上报的植苗多，其原因可能有二：一是承包单位虚报造林成果；二是承包单位未按设计采购了不合格苗（未在设计指定地区进苗或苗木规格达不到设计要求），在进苗时未向项目监理单位报验，偷偷用不合格苗造林。

（2）上报造林的面积和株数与整地报验的穴数和植苗报验的面积和株数是否一致。如果上报造林的面积和株数大于整地报验的穴数和植苗报验的面积和株数，则可断定施工项目经理部虚报造林成果。

4. 项目监理单位组织竣工预验收，建设单位组织竣工验收

监理在审核通过施工项目经理部上报的有关资料后，便可组织施工阶段竣工预验收。监理组织施工阶段竣工预验收的目的：一是通过预验收，发现问题，及时通知施工项目经理部进行整改，二是为建设单位组织施工阶段竣工验收提供依据。监理在预验收结束后，应写出预验收报告，报请建设单位组织施工阶段竣工验收。建设单位组织竣工验收，监理应参与验收工作。

由于营造林工程施工造林面积大，分散，交通不便，针对这一特点，当前的预验收和验收通常采用以下2种方法进行：

（1）由项目监理单位组织，建设单位代表、承包单位技术负责人参加，组成预验收小组，到各承包单位（标段）现场进行抽查验收，此验收以质量验收为主，发现问题，由项目监理单位签发《监理通知》，责成施工项目经理部整改。在抽查合格后，项目监理单位签发《工程竣工报验单》，提请建设单位组织竣工验收。竣工验收由建设单位组织，项目监理单位、施工项目经理部参加，逐小班进行验收，验收的内容包括作业面积和植苗株数。

（2）由项目监理单位组织，建设单位代表、承包单位技术负责人参加，组成预验收小组，对施工造林现场进行逐小班验收，验收的内容包括作业面积和植苗株数。发现问题，由项目监理单位签发《监理通知》，责成施工项目经理部整改，整改结束后，再报请验收。预验收结果和整改验收报告一并报建设单位审查，建设单位在确认预验收程序规范、方法科学合理、资料齐全的前提下，对预验收结果予以确认，可将预验收结果视为竣工验收结果。

二、验收方法

营造林工程的竣工验收，是根据施工项目经理部上报的造林面积、株数以及质量情况，由建设单位、项目监理单位、施工项目经理部联合组织到现场进行核实的过程。因此，验收的基础是施工项目经理部上报的造林面积和株数。如外业验收的误差在允许范围内（<5%），就应认可施工项目经理部的上报数，质量验收主要是当年造林成活率，并对苗木和栽植进行质量评价。

营造林工程不同于其他建设工程，满山遍野造林，交通不便，从而为我们的外业验收工作带来了很大的困难。针对营造林工程的这一特点，我们将根据施工造林现场的情况，分别采用不同的验收方法，具体采用的方法有以下 2 种：

1. 数树法

此方法用于单位面积投入大、单株苗木价格高的造林验收，如大苗栽植（苗高为 1.5m 以上），人工植苗一般株行距比较规整，针对这一特点，在验收时，通常采用数树法计算造林株数和面积。数树时需记录内容有苗木的品种、规格、株数、不合格苗木和死树数量，并对苗木质量和栽植质量进行评价（通常采用优、良、一般、差 4 个档次），采用《预验收外业调查表（一）》（表6-5）。数树法分为以下 3 种：

（1）利用几何原理数树。在数树前，在现场可将施工项目经理部绘制的竣工示意图与小班造林实际情况进行对照，将其分解为多个相对规整的几何形状，对于一些面积不规整的地块，可以凭经验采用切、补面积的方式，将其变为相对规整的矩形、梯形、三角形等几何形状，再计算出每一地块的株数，相加则可求出小班内的总株数来。

对于造林不合格株数和死苗的计算，采用随机或机械抽样方法进行推算。

（2）利用数码相机进行数树。在有条件的地方，可站在验收小班对面的山坡上，用数码相机进行拍照，然后在电脑上进行判读数树。

（3）直接数树。对一些面积不大，形状极不规整的地块，可直接数树。

由于工程造林株行距比较规整，计算小班作业面积，可用单位造林密度除以总株数求出：

小班作业面积（亩）= 总株数（株）/每亩造林密度（株/亩）

2. 用 GPS 卫星定位仪测小班面积，设标准地计算造林密度，然后计算小班造林总株数

此种方法通常是在造林苗木较小，或灌丛较高，苗木不宜观测，造林株行距不规整的情况下采用，采用《预验收外业调查表（二）》（表6-6）。具体做法是：

用 GPS 测量小班作业面积，在小班内设标准地计算造林平均密度，然后用小班面积乘以造林平均密度方可求出小班造林总株数：

小班造林平均密度（株/亩）＝［∑（样地内合格造林株数）/∑（样地面积㎡）］×667

小班造林总（株）＝小班面积（亩）×造林平均密度（株/亩）

小班造林成活率＝［∑（样地内造林成活株数）/∑（样地内造林总株数）］×100%

关于设小班标准地的有关规定如下：

(1) 设标准地。用百米测绳，采用随机或机械抽样方法，平行等高线或垂直等高线拉绳设标准地，测绳两侧2.5m内为标准地的宽，测绳长为标准地长，则标准地面积为：测绳长×5m。

(2) 记录标准地内苗木的品种、规格、株数、死树数量。

(3) 小班抽查样地面积比例。小班面积在100亩*以下，抽查面积为小班面积的5%；小班面积在100～450亩，抽查面积为3%；小班面积在450亩以上，抽查面积不少于2%。

三、验收结果的处理

对验收结果的分析处理，应按照投资控制的要求，在认真做好计量工作，做到不超计、不漏计，在施工项目经理部自身计量的基础上，只对符合设计、合同质量要求部分进行确认。外业调查验收结果填入《预验收外业调查表（一）》（表6-5）或《预验收外业调查表（二）》（表6-6）。然后汇总填入《预验收外业调查（分树种）汇总表》（表6-7）。依据验收结果，应与设计和施工项目经理部上报造林成果进行对照，做如下审核确认：

(1) 根据施工合同约定，施工项目经理部上报小班造林株数和面积与建设单位组织的竣工验收的小班造林株数和面积的误差为5%，且上报小班造林株数和面积小于或等于设计株数和面积，将对上报小班造林株数和面积予以确认。

(2) 如某小班实测的造林株数大于设计株数，经现场查验，造成造林株数大于设计株数的原因是承包单位擅自加大了造林密度所致，则造林株数应按《造林作业设计》株数计算。

(3) 如某小班实测的造林面积大于小班设计面积，并超过允许面积误差，则为设计错误，责任在于建设单位，因此，监理应与建设单位协商，所超的造林面积和株数应予计量。

(4) 如某小班实测造林株数低于设计株数，并低于设计允许误差，施工项目经理部按实际造林情况上报，经现场调查，并非设计有误，责任在于承包单位，为承包单位未按设计完成任务，项目监理单位应对其施工项目经理部下达《监理通知》，限期整改，对该小班不予验收。

(5) 如某小班实测造林株数低于设计株数，并低于设计允许误差，而施工项目经理部却按设计造林株数上报，虽经现场调查，造成造林株数低于设计株数的原因是设计有误，

---

* 1亩＝666.7m²

如小班立地条件差,无法按设计的株行距施工等,对此建设单位应承担设计责任,但施工项目经理部虚报造林成果,建设单位和项目监理单位应对其错误行为予以通报批评,并按签订的《诚信承诺书》的有关约定,对承包单位进行处罚。项目监理单位应责成施工项目经理部重新如实上报,按实测株数验收。

(6)如某小班实测造林株数低于设计株数,并低于设计允许误差,且施工项目经理部已如实按造林情况上报,经现场调查,是设计有误,如小班立地条件差,无法按设计的株行距施工,责任在于建设单位,项目监理单位应按实测株数验收,对于因单位面积造林株数减少,造成单株造林成本增加的情况,如承包单位要求索赔,项目监理单位可与建设单位和承包单位协商,酌情适当予以补助解决。

(7)如发现某标段(施工项目经理部)上报造林株数大于实际造林数,并超过允许误差,建设单位和项目监理单位应对虚报承包单位予以通报批评,并按签订的《诚信承诺书》的有关约定,对承包单位进行处罚。项目监理单位应责成施工项目经理部重新如实上报,按实测株数验收。

造林成果验收审核结果,应填入《预验收内业审核表》(表6-8),报总监理工程师审核批准。

有关竣工验收材料如表B10、图6-6至图6-8、表6-3至表6-7:

表B10 单位工程竣工验收报审表

工程名称		编　号	
地　　点		日　期	

致:＿＿＿＿＿＿＿＿＿＿＿＿＿＿＿＿(项目监理单位)
　我单位已按施工合同要求完成＿＿＿＿＿＿＿＿＿工程,经自检合格,现将有关资料上报,请予以验收。
　　附件:1. 工程竣工申请报告
　　　　 2. 造林成果汇总表
　　　　 3. 工程竣工示意

承包单位(盖章)
项目经理(签字)

年　月　日

预验收意见:
　经预验收,该工程合格/不合格,可以/不可以组织正式验收。

项目监理单位(盖章)
总监理工程师(签字、加盖执业印章)

年　月　日

填报说明:本表一式三份,项目监理单位、建设单位、承包单位各一份。

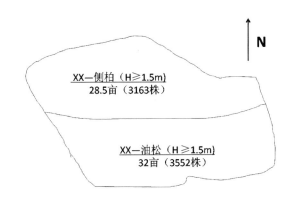

图 6-6 ×标段××小班工程竣工示意图

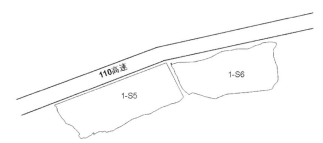

图 6-7 1标段南侧5、6小班竣工示意图

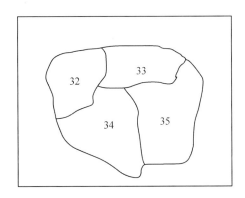

小班号	面积（亩）	树种	规格（苗高）	株行距	数量
32	15	侧柏	100cm	3m×4m	840
33	16	油松	80cm	3m×4m	896
34	41	樟子松	80cm	3m×4m	2296
35	43	樟子松	80cm	3m×4m	2408
合计	115				6440

注：竣工图由承包单位根据小班造林情况绘制

图 6-8 ×标段×检验批竣工示意图

表 6-3　工程造林成果（分小班）汇总表

施工单位：　　　　　　　　　　　　　　　　标段：　　　　　　　　　　　　　　　　　　　　　　　　　　　　　　亩、株

小班	设计					完成					成活率（%）	备注
	作业面积	树种	规格	株行距	株数	作业面积	树种	规格	株行距	株数		

注：此表由施工单位填报

表 6-4　工程造林成果（分树种）汇总表

施工单位：　　　　　　　　　　　　　　　　　标段：　　　亩、株

序号	设计				完成				
	作业面积	树种	规格	株数	作业面积	树种	规格	株数	苗木产地

注：此表由施工单位填报

表6-5 预验收外业调查表(一)

施工单位: 　　　　　　　　　　　　　　　　　　　　　　　　　　　　　　　　　　标段: 　　　　　　　　　　　　　　　　　　　　　单位：亩、株

小班	作业面积	树种	规格	株行距	株数				质量评价		成活率(%)	备注
					计	合格	不合格	死苗	苗木	栽植		

验收人员: 　　　验收日期:

注：1. 此表由参加验收的监理人员填写，参加验收的建设单位代表、监理员和施工单位技术负责人签字。
　　2. 质量评价分优、良，一般、差4个档次。

表 6-6 预验收外业调查表（二）

施工单位：　　　　　　　　　　　　　　　　　　　标段：

小班	GPS		样地号	样地面积（m²）	设计（株/亩）	小班面积（亩）	树种	株数				质量评价		实际植苗（株/亩）	小班造林（株）计	成活率（%）
	E	N						计	合格	不合格	死苗	苗木	栽植			
1	2	3	4	5	6	7		8	9	10	11	12	13	14	15	16

验收人员：　　　　　　　　　　　　　　　　　　　验收日期：

注：1. 此表由参加验收的监理人员填写，参加验收的建设单位代表、监理员和施工单位技术负责人签字。
2. 质量评价分优、良、一般、差 4 个档次。

表 6-7 预验收外业调查(分树种)汇总表

施工单位：　　　　　　　　　　　　　　　标段：　　　　　　　　　　　　　　　　　　　　　　　　　　　　　　　　　株

序号	树种	规格	株数				质量评价		成活率(%)	备注
			合格	不合格	死苗	计	苗木	栽植		

验收人员：　　验收日期：

注：此表由项目监理单位汇总，参加验收的建设单位代表、监理员和施工单位技术负责人签字。

表 6-8 预验收内业审核表

施工单位：　　　　　　　　　　　　　　　　　　　　　标段：

序号	树种	规格	设计		上报		验收		审核		备注
			面积	株数	面积	株数	面积	株数	面积	株数	

监理审核员：　　　　　　　　　　　　　　　　　　　　　验收日期：
总监理工程师：

第十节　索赔处理

由于工程变更或其他原因，往往会出现工期延误，造成费用增减情况，因此就会出现索赔。索赔在营造林工程建设施工中经常发生，索赔并不等于要诉讼、打官司，通常是由项目监理单位出面协调，与建设单位和承包单位协商，在公平、公正的前提下解决。

营造林工程是一项生物建设工程，季节性很强，因此，对工期要求更加显得紧迫重要。如造林一般要求在树苗萌动前完成，方可保证造林成活率。一旦工期延误超过造林季节，那么给建设单位造成的损失是无法用延长工期来弥补的。因此对项目监理单位来说，进度控制非常重要，绝不可出现延误造林季节的现象。对造林工程来讲，除采取特殊施工工艺（容器苗、带土团造林）外，一般不考虑工期索赔问题。

当前营造林工程的索赔主要是费用的索赔。费用索赔包括2个方面，即承包单位的索赔和建设单位的索赔。

一、承包单位提出的索赔

（一）导致承包单位索赔的主要原因

1. 工程变更索赔

由于建设单位或监理工程师指令增加工程量或增加附加工程、修改设计等，造成的工期延长和费用增加，承包单位对此提出索赔。在营造林工程中，工程变更索赔主要有：

（1）造林面积增加。如设计造林面积与现场实地面积不符，超过允许误差范围。

（2）整地方式变更。如鱼鳞坑整地改为水平沟整地，造价提高。

（3）种苗品种更换。如普通树种苗木改为珍贵树种苗木而带来的造价提高等。

（4）提高苗木规格标准。如杨树设计直径为6cm，后变更直径为8cm，从而提高了造价。

2. 建设单位提供错误设计和下达错误指令造成的索赔

一些建设单位为了追求某种特殊景观，在设计时不考虑树木生长的特性，设计中把一些不宜在当地生长的树种安排到了设计中，或在设计中提出一些不当的要求，如高大落叶乔木必须带冠造林等，造成成活率低下，承包单位重新补栽多支出费用；在已过造林季节的夏季，为了形象工程，下指令让承包单位营造和补栽落叶乔木等，造成造林和补栽失败，给承包单位造成损失而导致的索赔。

3. 工程延期索赔

因建设单位未按合同要求提供施工条件，如未及时交付设计图纸，土地流转问题没有解决好，由建设单位提供的苗木未及时运到现场或苗木质量不合格，不能上山造林等，造成承包单位人员、设备窝工损失，工期延误，承包单位对此提出的索赔。

4. 合同被迫终止的索赔

由于建设单位违约或不可抗力事件等原因造成合同非正常终止，给承包单位造成经济损失，承包单位对此提出的索赔。

（二）监理工程师受理索赔程序

1. 承包单位提出索赔要求

（1）发出索赔意向通知。在索赔事件发生后的28天内，承包单位应向总监理工程师递交《索赔意向通知书》，声明将对此事件提出索赔。

（2）递交索赔报告。在索赔意向通知提交后的28天内或总监理工程师可能同意的其他合理时间，承包单位应递送正式的索赔报告。索赔报告的内容包括：事件发生的原因，对其权益影响的证据资料，索赔依据，此项索赔要求补偿的款项和工期展延天数的详细计算等有关材料。

2. 监理工程师审核索赔报告

（1）监理工程师审核承包人的索赔申请。在接到正式索赔报告后，总监理工程师应亲自和指定监理工程师认真研究承包单位报送的索赔报告。首先，要检查同期记录，根据合同有关条款，研究索赔证据，其次，要通过对事件的分析，划清责任界线，如果有必要还可以要求承包单位进一步补充资料。尤其是对承包单位与建设单位和监理工程师都负有一定责任的事件，更应划出各方应该承担合同责任的比例。最后再审查承包单位提出的索赔补偿要求，剔除其中不合理部分，拟定自己计算的合理索赔款项和工期顺延天数。

（2）判定索赔成立的原则。与合同相对照，事件已造成了承包单位施工成本的额外支出，和总工期延误。造成费用增加和工期延误的原因，按合同约定不属于承包单位应承担的责任，包括行为责任和风险责任。承包单位按合同规定的程序提交了索赔意向通知和索赔报告。

（3）对索赔报告的审查。

（4）事态调查。损失事件原因分析；分析索赔理由；实际损失分析；证据资料分析。

3. 确定合理的补偿额

（1）监理工程师与承包人协商补偿额。监理工程师根据事件的责任、损失等情况进行分析，核查后初步确定应予以补偿的额度，往往与承包人的索赔报告中要求的额度不一致，甚至差额较大。主要原因大多为对承担事件损害责任的界限划分不一致；索赔证据不充分；索赔计算的依据和方法分歧较大等，因此，双方应就索赔处理进行协商。如超过建设单位授权范围，还应与建设单位协商。

（2）监理工程师索赔处理决定。在经过认真分析研究，并与承包人、建设单位协商后，监理工程师应向建设单位和承包单位提出自己的"索赔处理决定"。如果监理工程师在收到承包人递交的索赔报告和有关资料后，在28天内既未予以答复，也未对承包人作进一步的要求的话，则视为承包人提出的索赔要求已经认可。

（3）建设单位审查索赔处理。当监理工程师确定的索赔额超过其权限范围时，必须报建设单位批准后，索赔报告经建设单位同意后，总监理工程师即可签发有关证书。如经协商未能达成谅解，承包单位不接受最终的索赔处理决定，承包单位有权采取提交仲裁和诉讼解决。承包单位提出索赔，索赔处理程序如图6-9所示。

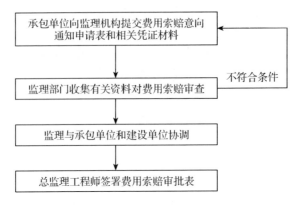

图 6-9 费用索赔处理程序

二、建设单位提出的索赔

建设单位提出的索赔原因主要有：

1. 工期延误的索赔

承包单位在造林季节没有完成造林任务，给建设单位造成损失，建设单位除了应扣除未造林地块的费用外，还要按合同约定向承包单位处以罚金。

2. 工程质量不合格的索赔

如造林工程，在造林施工结束后，因承包单位的原因，出现造林成活率达不到合同规定的要求；在森林抚育工程中，出现错采而给建设单位造成损失等。建设单位都可以依据设计、合同和有关法律法规向承包单位提出索赔。

3. 工程量减少索赔

因设计变更或其他原因，造成实际工程量比计划工程量少。有的承包单位在遇到造林困难地块，有意落下不造林，造成完成工程量比中标工程量少，针对此类情况，建设单位除应扣除未造林地块的费用外，还要按合同约定向承包单位处以罚金。

建设单位的索赔比较简单，通常是在工程结算时，依据合同条款、检查隐蔽工程验收记录、设计变更签证、按图核实工程数量，在工程款中予以扣除。

第十一节 签发支付证书

支付证书由总监理工程师签发，它是建设单位向承包单位支付工程款的凭据。总监理工程师签发支付证书的依据是施工合同和阶段验收资料。由于营造林工程特殊，阶段性的验收，实际上就是对承包单位完成造林绿化工程合格面积、株数以及造林质量的验收，因此，它也是主要的工程计量工作，是整个工程监理过程中质量控制和投资控制的重要环节。

工程款的支付分为工程预付款、工程进度款和工程尾款支付。

1. 工程预付款

工程预付款是指建设单位与承包单位签订施工合同后，建设单位按照施工合同约定，在规定时间内向承包单位支付预付工程款，这笔款主要用于承包单位进场后的施工准备工作,订购苗木、肥料以及其他原材料的费用,设备租赁费等。按照支付程序,承包单位在签订施工合同后,向项目监理单位和建设单位提出支付工程预付款申请,填写《工程款支付申请表》(见附表 B11),报项目监理单位审核,并报建设单位代表审批后,总监理工程师根据合同约定,签发《工程款支付证书》(见附表 A8)。

2. 工程进度款

总监理工程师签发工程进度款的依据是施工合同和阶段性验收资料。通常营造林工程建设项目,在春季造林结束后,项目监理单位要组织一次工程阶段预验收,根据合同约定,在预验收结束后,建设单位应向承包单位支付第一次工程进度款。因此,承包单位在春季造林施工结束后,填写《工程款支付申请表》(见附表 B11),向项目监理单位提出工程进度款申请,总监理工程师根据合同约定,查看阶段性施工验收资料,根据承包单位造林任务完成情况,与建设单位代表洽商,经建设单位代表审核批准后,签发《工程款支付证书》(见附表 A8)。营造林工程进度款支付次数和每次支付款额通常在施工合同中进行了约定,通常支付次数为 2~3 次。支付额一般按合同总价的百分比支付,也有的按完成工程投资的百分比支付,填写工程进度款拨付汇总表(表 6-9)。

例:某承包单位承包某项绿化工程,施工合同约定造 1.5m 油松 20 000 株,1.5m 侧柏 16 000 株,三年保存活的油松价格为 80 元/株、侧柏为 50 元/株,合同总价为 240 万元,春季造林结束后,5 月 30 日前支付进度款 50%。

该承包单位在施工过程中,从建设单位苗圃调了部分苗木(苗木款 10 万元,未付款),5 月上旬造林结束后,该承包单位于 5 月 20 日向监理单位递交了《工程款支付申请表》,申请进度款 120 万元。5 月下旬,项目监理单位组织进行了预验收,发现该标段实际完成油松 18 000 株、侧柏 12 000 株,问总监理工程师的进度款支付证书应怎样开?

承包单位《工程款支付申请表》样式如下:

表 B11 工程款支付申请表

工程名称		编 号	
地　　点		日　期	

致:_____(项目监理单位)

　　我单位已完成某标段的<u>造林绿化</u>工作,按施工合同约定,建设单位应在　年5月30日前支付该项目工程进度款共计(大写)<u>壹佰贰拾万元整</u>(小写<u>1,200,000元</u>),现报上工程付款申请表,请予以审查并开具工程款支付证书。

　　工程进度款计算方法:240 万元(合同总价)×50%(进度款支付率)=120 万元

施工项目经理部(盖章)

项目经理(签字)

年　月　日

(续)

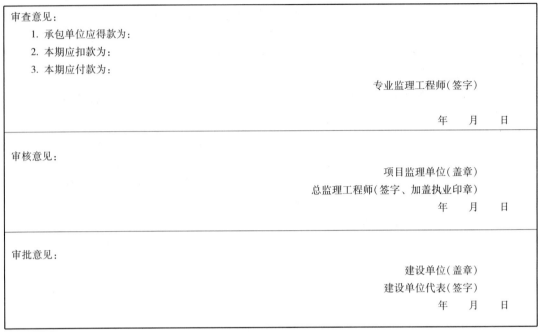

填报说明：本表一式三份，项目监理单位、建设单位、承包单位各一份。

专业监理工程师应根据合同和预验收的承包单位完成投资情况审查工程款支付申请，因承包单位实际完成投资为 18 000 株(油松)×80 元/株 + 12 000 株(侧柏)×50 元/株 = 204 万元，因此，支付进度款应为：204 万元×50% = 102 万元(见工程进度款拨付汇总表)，并应在工程款支付证书中扣除承包单位从建设单位调拨的苗木款 10 万元。本次拨付工程进度工程款应为 92 万元。审查结果如下为：

表 B11　工程款支付申请表

工程名称		编　号	
地　　点		日　期	

致：_____(项目监理单位)

　　我单位已完成某标段的造林绿化工作，按施工合同约定，建设单位应在　年 5 月 30 日前支付该项目工程进度款共计(大写)壹佰贰拾万元整(小写 1,200,000 元)，现报上工程付款申请表，请予以审查并开具工程款支付证书。

　　工程进度款计算方法：240 万元(合同总价)×50%(进度款支付率) = 120 万元

施工项目经理部(盖章)
项目经理(签字)
年　月　日

(续)

审查意见： 　1. 承包单位应得款为：壹佰零贰万元整 　2. 本期应扣款为：壹拾万元整(苗木款) 　3. 本期应付款为：玖拾贰万元整 　　　　　　　　　　　　　　　　　　　　　　　专业监理工程师(签字) 　　　　　　　　　　　　　　　　　　　　　　　　　　　年　月　日
审核意见： 　　　　　　　　　　　　　　　　　　　　　　　项目监理单位(盖章) 　　　　　　　　　　　　　　　　　　　总监理工程师(签字、加盖执业印章) 　　　　　　　　　　　　　　　　　　　　　　　　　　　年　月　日
审批意见： 　　　　　　　　　　　　　　　　　　　　　　　　　建设单位(盖章) 　　　　　　　　　　　　　　　　　　　　　　　建设单位代表(签字) 　　　　　　　　　　　　　　　　　　　　　　　　　　　年　月　日

填报说明：本表一式三份，项目监理单位、建设单位、承包单位各一份。

总监理工程师根据对专业监理工程师的审查结果进行进一步的审查，通过审查后，报建设单位代表审批，通过审批后，总监理工程师再签发《工程款支付证书》。

表 A8　工程款支付证书

工程名称		编　号	
地　　点		日　期	

致：_____(建设单位)
　　根据施工合同约定，经审核编号为_____工程款支付报审表，扣除有关款项后，同意支付工程款共计(大写)玖拾贰万元整(小写920,000元)。
　　其中：
　　　1. 承包单位申报款为：壹佰贰拾万元整
　　　2. 经审核承包单位应得款为：壹佰零贰万元整
　　　3. 本期应扣款为：壹拾万元整(苗木款)
　　　4. 本期应付款为：玖拾贰万元整

　　附件：1. 工程款支付报审表
　　　　　2. 工程预验收报表
　　　　　3. 工程进度款拨付汇总表
　　　　　4. 承包单位从____林业局(建设单位)调拨苗木有关材料。

　　　　　　　　　　　　　　　　　　　　　　　　项目监理单位(盖章)
　　　　　　　　　　　　　　　　　　　　总监理工程师(签字、加盖执业印章)

　　　　　　　　　　　　　　　　　　　　　　　　　　　年　月　日

填报说明：本表一式三份，项目监理单位、建设单位、承包单位各一份。

项目监理单位：

表 6-9　工程进度款拨付汇总表

标段	合同总价(万元)	设计			验收核实			审核确认株数			单价(元/株)		工程款(万元)			工程进度款万元(50%)
		计	油松	侧柏	计	油松	侧柏	计	油松	侧柏	油松	侧柏	计	油松	侧柏	
1	240	36 000	20 000	16 000	30 000	18 000	12 000	30 000	18 000	12 000	80	50	204	144	60	102
2																
3																
4																
计																

3. 工程尾款支付

承包单位按照合同约定在完成整个工程建设(管护期结束)后,在自验收合格的基础上,向项目监理单位提交《单位工程竣工验收报审表》,申请总验收。建设单位组织对工程进行总验收,并在核实承包单位上报工程量和质量的基础上,与项目监理单位一同审核承包单位上报的工程结算,审批确认各标段实际工程造价。项目监理单位指示承包单位填写《工程款支付申请》,总监理工程师在审查并扣除工程预付款和工程进度款,报请建设单位代表批准后,签发《工程款支付证书》,将尾款一次性支付给承包单位。当承包单位收到工程尾款后,即表示整个造林工程结束,工程完成移交。

第七章
管护阶段(缺陷保修期)的监理

营造林工程建设通常分为施工阶段和管护阶段。管护阶段是指在植苗造林施工阶段工作已经结束,新移植的苗木进入精心培育的管护恢复阶段。苗木从生长条件较好的苗圃移植到自然条件相对较差的山上,它需要一个相对较长的适应过程,通常苗木需要在山上经过三年的野外生存锻炼,生长才趋于稳定,此后我们才可基本认定所栽植的苗木在离开我们的精心管护后能自己生存下来了。因此,我们通常把植苗后(包括植苗当年)的三年定为造林的管护阶段。管护阶段是一个非常重要的阶段,如果我们忽视这一阶段的工作,管护工作不到位,很可能导致整个造林工作的失败。

在施工阶段竣工验收后,即进入造林的管护阶段(也称为缺陷保修期)。管护阶段的工作主要有:抚育灌溉、补植和护林防火。

一、管护阶段当前存在的主要问题及监理控制要点

1. 对抚育灌溉工作没有引起足够的重视

很多承包单位在造林结束后,误认为大功告捷,大量的施工人员和灌溉设备撤离,留守管护人员和抚育灌溉设备严重不足,没有对后续的管护工作引起足够的重视,最为明显的是造林后的第二、第三年,大多承包单位甚至停止灌溉等天下雨,由于抚育灌溉工作没有跟上,导致造林保存效果较差。此时监理的主要工作是要加强与承包单位的沟通,定期检查承包单位抚育灌溉的情况。

2. 承包单位盲目补植

苗木移植到新环境后,由于苗木质量、栽植质量、抚育灌溉质量、极端气候等因素影响,部分苗木可能因此死亡,根据施工合同约定,承包单位应在管护期内的适宜造林季节,进行补植,使之在三年管护期结束时造林,三年保存率达到施工合同约定要求。很多承包单位在发现部分苗木死亡后,不分析苗木死亡原因,盲目进苗补植,如有的承包单位在施工阶段从某地进的苗木质量有问题,导致苗木成活率低,补植时又从那里进苗,由于该地的苗木质量达不到设计要求,从而导致补植效果不理想。此时监理的工作是要协助承包单位分析苗木死亡的原因,严格按照设计和技术规范操作,确保补植质量。

3. 忽视林地的清理和巡视防护工作

由于在植苗造林时破坏地表,土壤暴露,杂草种子很容易与土壤接触,加之我们灌溉及时为土壤补充水分,因此,杂草生长非常迅速,如不及时清理,到了秋冬季节,杂草干枯,便成为山火的严重隐患。一些承包单位为了减少支出,几乎在管护阶段撤走所有施工人员,林地撂荒,杂草丛生,有的杂草生长高过了苗木,严重影响到了苗木的生长。由于新造林地无人巡视管护,人、牛、羊牲畜自由进出,严重威胁到了新造苗木的安全。此时

监理的工作应加强与承包单位的沟通,审查承包单位的有关管护措施,定期检查承包单位管护措施的落实情况。

二、管护阶段监理工作主要内容及程序

1. 认真审查承包单位编写的管护阶段《施工组织设计》

监理机构应督促承包单位根据管护阶段的工作特点编写管护阶段《施工组织设计》,承包单位编写好管护阶段《施工组织设计》后,应填写《施工组织设计(方案)报审表》报项目监理单位审查。审查《施工组织设计》,审查内容主要包括管护人员、浇水、抚育设备(如割灌机等)的配置、补植苗木的采购,管护方案,技术与安全措施等。

2. 总结施工阶段造林的经验和教训,严把苗木质量和补植关

由于苗木质量、栽植质量、极端气候、造林后的管护不到位等多方原因,可能会造成部分苗木死亡。承包单位按照施工合同和作业设计,应在当年雨季、秋季或第二年的春季进行补植补造。

在承包单位补植前,监理应和承包单位一起,帮助承包单位分析造成部分苗木死亡的原因,通常造成植苗后苗木死亡的原因主要有以下4个方面:

(1)植苗后浇灌不及时或浇水量不足。该问题普遍存在,在我国的北方和西部地区,春旱现象很严重,因此,浇水已成为决定我们造林成败的关键。很多承包单位,在灌溉方面准备不足的情况下,盲目追求进度,致使灌溉跟不上植苗进度,两者脱节,造林后没有及时浇上水或浇水量不足,导致苗木生理干旱死亡。

(2)苗木问题。苗木问题主要包括4个方面:①苗木本身质量差,达不到设计要求,营造林工程施工面大,造林季节短,监理人员难免存在监控盲区,因此,一些承包单位存在侥幸心理,在报验好苗时,采用多报进苗量,在偏僻的地方,不报验,进次苗,自以为聪明,结果适得其反,导致造林后成活率不高。②苗木前期采购工作准备不足,在造林期间常常遇到苗木供应紧张,便饥不择食,到处采购苗木。据发现,不按设计要求,在适生区外采购苗木,然后再到适生区内的林业局开具假证(植物检疫证和苗木合格证)蒙骗监理的事件经常出现。苗木本身就不宜在当地生长,自然成活率就很低了。③在造林时,由于对进场没有来得及造林的苗木没及时采取有效的保护措施,如没有采取假植、在苗木上洒水、放到阴凉处用覆盖物将其盖上,防止暴晒等措施,致使苗木严重失水等,降低了成活率。④因建设单位设计有问题选择了不适宜的苗木品种。

(3)栽植过程中存在的问题。如在卸苗时,不注意对土球保护,野蛮卸车,摔苗等,摔坏土球;也有的造林窝根;苗木栽得过深或栽得过浅,没有做苗木防风倒支撑或支撑不好,苗木出现倒伏等都会影响苗木的成活。

(4)其他原因。如牛羊等牲畜践踏、兔鼠吃苗、感染病虫害、火灾等。

针对承包单位在施工阶段出现的问题,在补植阶段,应找出苗木死亡的原因,总结教训,采取相应措施,制订补植方案,通过补植,使造林质量达到设计要求。

对承包单位补植施工的监理,与施工阶段的监理相同。首先要严把苗木关,即把住苗木采购和苗木进场关。苗木采购和苗木进场报验均按施工阶段的监理程序,通过对承包单位提交的《苗木/种子供应单位资质报审表》的严格审查,防止适生区外苗木的流入,对承包单位提交《苗木报审表》,监理人员到现场查验苗木质量这两道程序来对苗木的质量进行

控制。

其次是要抓好栽植和浇水关。承包单位补植工作完成后，需进行自检，在自检合格后，填写《补植报验表》，并附自检报告送项目监理单位验收。项目监理单位在收到植苗报验申请后，应派营造林监理员到现场进行查看验收。补植报验可在整个补植工作结束后一次报验，补植报验表见附表B7-5。

3. 抓好抚育灌溉，是管护阶段确保造林保存率的重要环节

由于经过起苗、运输等环节，苗木的根系都会受到不同程度的伤害，到新的环境后，苗木根系生长还有一个适应过程，因此，在植苗后的管护阶段，苗木的根系正处于恢复生长期，由于它从土壤中的吸水能力往往难以与苗木地上部分的蒸腾保持平衡，为此苗木通常采用落叶等措施来尽量减少蒸腾，尽量保持水分的供需平衡。但如果根系的吸水能力小于苗木地上部分的蒸腾量，就会出现生理干旱，如低于供需极限，就会导致苗木死亡。

为了给苗木根系吸收水分提供有利条件，尽量满足苗木地上部分的蒸腾所需，我们通常采用抚育灌溉措施，灌溉是给土壤补充一定量的水分，抚育（培土、踩实、除草、覆盖地膜等）可防止苗木倒伏，切断土壤毛细管，降低土壤蒸腾量，增加地温，促进苗木根系的恢复生长等。植苗后覆盖地膜是当前我们造林中推广的一项新技术，它可以增加地温，有利于苗木根系的恢复生长，同时可以减少整穴内水分蒸发，起到节水作用。但在利用这项技术时要注意2个方面：一是在灌溉后，铺设地膜，地膜必须用土壤全部覆盖，防止地膜暴露在阳光下，致使地温升得过高，从而造成对苗木根系的伤害；二是在雨季到来前，应将地膜撤出，以利于雨水的自然灌溉。

通过割灌、割草抚育措施，可为苗木提供有利的生长空间，通过清理林地，可减少病虫害滋生和森林火灾的隐患。

管护阶段的抚育灌溉监理与施工阶段的抚育灌溉监理相同，承包单位应按照设计要求和气温、降水等情况，观察苗木生长和土壤墒情，及时进行抚育灌溉工作。在此项工作结束后，应对抚育灌溉工作进行自检，自检合格后，填写《抚育/灌溉报验表》，并附自检报告送项目监理单位验收。如标段面积小，可在完成本标段的抚育灌溉工作后一次报验；如面积大可分检验批或几大片进行报验。项目监理单位在收到抚育/灌溉报验申请后，应派营造林监理员到现场进行查看验收。

4. 制订具有针对性的管护制度，保护好造林地

在工程竣工移交之前，承包单位应负责施工区内新造林地的安全。森林火灾和牛羊践踏都可能是导致我们造林失败的不可忽视因素，对此项工作，监理主要是督促承包单位制订有关管护制度，定期抽查承包单位的管护情况。

在管护工作结束后，承包单位应填写分部工程（管护阶段）报验表，并附自检报告和施工质量报验表材料等，报请项目监理单位验收。分部工程（管护阶段）报验表见附表B8。

附表 B8 分部工程(管护阶段)报验表

工程名称		编 号	
地 点		日 期	

致：_____(项目监理单位)

我单位已完成了_____年度管护阶段的补植、抚育灌溉和管护工作，经自检，其质量符合合同约定要求，现将有关资料报上，请予以审查、验收。

附件：1. 自检报告
　　　2. 施工质量报验表材料
　　　3. 其他

施工项目经理部(盖章)
项目技术负责人(签字)

年　月　日

审查意见：

专业监理工程师(签字)

年　月　日

验收意见：

项目监理单位(盖章)
总监理工程师(签字)

年　月　日

填报说明：本表一式三份，项目监理单位、建设单位、承包单位各一份。

第八章
项目总验收及监理资料整理

一、项目总验收

项目总验收与施工阶段验收类似，也分为监理组织预验收和建设单位组织总验收两步。由于在施工阶段已经对承包单位造林面积和造林株数进行了详细的核实验收，因此，总验收工作相对比较简单，主要是验收造林保存率，对工程质量进行综合评定。

为了确保总验收工作的顺利进行，项目监理单位应认真审批承包单位的总验收竣工申请，组织承包单位技术负责人和建设单位代表到现场查看造林保存率情况，对在施工阶段验收中存在有争议的工程量进行重新核实认定，并写出预验收报告，如果在预验收中发现不足之处（包括保存率达不到合同要求、施工现场未清理等），应签发《监理通知》要求承包单位及时整改，为总验收做好准备。

总验收由建设单位组织，监理和承包单位技术人员参加。建设单位组织总验收前，首先要查看承包单位和项目监理单位报送的施工资料和监理资料，特别是施工阶段竣工验收资料和总验收预验报告。建设单位在施工阶段验收资料和总验收预验报告的基础上组织总验收。验收是以小班为单位，在小班内设标准地抽查保存率，面积按施工阶段已验收的小班面积计量。总验收中不仅要查看保存率，还要在施工现场对施工质量、苗木生长情况、施工现场清理（文明施工）等情况进行综合评价。

总验收结束，项目监理单位写监理总结报告，建设单位写项目总结报告。整个工程项目建设结束。

二、施工资料和监理资料整理

施工阶段工作结束或管护阶段工作结束后，项目监理单位都应及时督促承包单位整理施工资料，自身也应整理监理资料，分别装订成册（通常为5份，交建设单位3份，承包单位和项目监理单位各保存一份）。只有在项目监理单位通过施工资料的验收后，方可组织施工阶段预验收和工程总验收。

（一）施工资料整理

1. 施工阶段的施工资料

（1）施工合同文件。

（2）承包单位有关材料。营业执照和绿化资质，有关上岗人员职业资格证书（如机械操作工等）。

（3）施工组织设计报审材料。该材料包括《施工组织设计（方案）报审表》及施工组织设计（方案）。

(4)施工进度计划报审材料。该材料包括《施工进度计划报审表》及施工进度计划。

(5)作业设计文件。

(6)设计交底与图纸会审会议纪要。

(7)原材料供应单位资格报审材料。该材料包括苗木、肥料、药品等生产厂家(苗圃)的资格报审表及苗木/种子供应等单位的营业执照、苗木/种子等农林物资经营许可证等资料。

(8)开工报审材料。该材料包括《开工报审表》及开工报告。

(9)《工程暂停令》、《复工报审表》、《复工报告》及附件、《工程复工令》。

(10)报验材料。该材料包括报验申请表,各工序(施工控制测量成果、整地施肥、植苗、浇水抚育等)完成报验申请表及自检报告。

(11)原材料进场报审材料。该材料包括苗木、肥料、药品等材料进场时的随车报验材料(苗木两证一签,其他材料的质量证明材料)。

(12)分部工程(灌溉设施)施工报验材料。《分部工程(灌溉设施)施工报验表》;自检报告;施工各工序质量报验表;施工记录;竣工图。

(13)施工阶段工程竣工验收申请材料。《单位工程竣工验收报审表》;工程竣工申请报告;造林成果汇总表;工程竣工示意。

(14)来往函件。

(15)质量缺陷与事故的处理文件。

(16)索赔文件资料。

(17)《监理通知》及《监理通知回复单》(附整改报告)。

(18)《工程款支付申请表》。

2. 管护阶段的施工资料

(1)施工组织设计报审材料。该材料包括《施工组织设计(管护阶段)报审表》及管护阶段施工组织设计。

(2)原材料供应单位资格报审材料。该材料包括苗木、肥料、药品等生产厂家(苗圃)的资格报审表及苗木/种子供应等单位的营业执照、苗木/种子等农林物资经营许可证等资料。

(3)原材料进场报审材料。该材料包括补植苗木、肥料、药品等材料进场时报审表和随车报验材料(苗木两证一签,其他材料的质量证明材料)。

(4)报验材料。该材料包括补植报验材料和抚育灌溉报验材料。

(5)管护工作结束后的报验申请材料。《分部工程(管护阶段)验收报审表》;自检报告等附件。

(6)来往函件。

(7)质量缺陷与事故的处理文件。

(8)索赔文件资料。

(9)设计变更文件。

(10)《监理通知》及《监理通知回复单》(附整改报告)。

(11)《工程款支付申请表》。

(二)监理资料整理

(1)施工合同文件及委托监理合同。

(2)项目监理单位有关材料。项目监理单位的营业执照和监理资质证书;总监理工程师的任命文件和注册监理工程师证书;营造林监理员职业资格证书。

(3)监理规划。

(4)监理实施细则。由于监理实施细则是在监理规划的基础上,针对某一专业编写的具体指导该专业负责区域内的监理工作技术文件,因此,在营造林建设工程中,大多项目较为单纯,就是绿化造林一项,因此,可将监理规划写得详细一些,不编写监理实施细则。

(5)承包单位资格证明文件、分包单位资格报审表、设计交底与图纸会审会议纪要。

(6)第一次工地会议、监理例会、专题会议等会议纪要。工地会议是监理协调工作的主要工作形式。会议由监理工程师或总监理工程师组织,建设单位代表和承包单位负责人和有关技术人员参加。通常由建设、监理、施工三方第一次工地会议上协商决定,在施工阶段定期和不定期在施工现场举行。工地会议内容主要是总结施工中存在的问题和经验,特别是要查找影响进度和质量的不利因素,提出改进措施,安排下阶段的工作,确保工程保质保量按期完成。工地会议开过后要写出纪要,纪要由项目监理单位起草,建设、监理、施工三方参加会议的有关人员签字备案。

(7)施工组织设计(方案)报审表。

(8)工程开工/复工报审表及工程暂停令。

(9)测量核验资料。

(10)工程进度计划。

(11)工程材料构配件设备的质量证明文件。

(12)检查试验资料。

(13)工程变更资料。

(14)隐蔽工程验收资料。

(15)工程计量单和工程款支付证书。

(16)监理工程师通知单。

(17)监理工作联系单。

(18)报验申请表。

(19)会议纪要。

(20)来往函件。

(21)监理日记。在施工阶段,现场监理员应每天写监理日志,记录施工现场每天发生的事件。内容包括:日期、天气,承包单位上工的人员、设备情况,工程进度情况,施工中出现问题及解决处理情况,以及监理员认为有必要记录的事件。监理日志是施工阶段监理重要的工作真实记录,监理人员在每天工作结束后应及时予以记录。

(22)监理月报。

(23)质量缺陷与事故的处理文件。

(24)分部工程单位工程等验收资料。

(25)索赔文件资料。

(26)竣工结算审核意见书。

(27)工程项目施工阶段质量评估报告等专题报告。

(28)监理工作总结。

监理总结报告主要包括：项目工程概况；监理单位、监理人员、设备配置情况；监理方法及经验；建设工程监理合同履行情况；监理工作成效；监理工作中发现的问题及其处理情况；说明和建议。

主要参考文献

中国建设监理协会.2013.1.全国监理工程师培训考试教材[M].北京：知识产权出版社.

建设工程监理规范 GB/T 50319—2013

附表 A 项目监理单位用表

表 A1　总监理工程师任命书
表 A2　工程开工令
表 A3　监理通知
表 A4　监理报告
表 A5　工程暂停令
表 A6　旁站监理记录
表 A7　工程复工令
表 A8　工程款支付证书

表 A1　总监理工程师任命书

工程名称		编　号	
地　点		日　期	

致：＿＿＿＿＿＿＿＿＿＿＿＿＿＿＿（建设单位）

　　兹任命＿＿＿＿＿（注册监理工程师注册号：＿＿＿＿＿＿＿）为我单位＿＿＿＿＿＿＿＿项目总监理工程师。负责履行建设工程监理合同、主持项目监理单位工作。

工程项目监理单位(盖章)

法定代表人(签字)

年　　月　　日

填报说明：本表一式三份，项目监理单位、建设单位、承包单位各一份。

附表 A 项目监理单位用表   149

表 A2　工程开工令

工程名称		编　号	
地　　点		日　期	

致：_____（承包单位）：
　　经审查，本工程已具备施工合同约定的开工条件，现同意你单位开始施工，开工日期为：_____年___月___日。
　　附件：工程开工报审表

项目监理单位(盖章)
总监理工程师(签字、加盖执业印章)
年　月　日

填报说明：本表一式三份，项目监理单位、建设单位、承包单位各一份。

表 A3 监理通知

工程名称		编　号	
地　点		日　期	

致：＿＿＿＿＿＿＿＿＿＿＿＿＿＿＿＿＿（施工项目经理部）：

　　事由：＿＿＿＿＿＿＿＿＿＿＿＿＿＿＿＿＿＿＿＿＿＿＿＿＿＿＿＿＿＿＿＿

＿＿＿＿＿＿＿＿＿＿＿＿＿＿＿＿＿＿＿＿＿＿＿＿＿＿＿＿＿＿＿＿＿＿＿＿＿＿

＿＿＿＿＿＿＿＿＿＿＿＿＿＿＿＿＿＿＿＿＿＿＿＿＿＿＿＿＿＿＿＿＿＿＿＿＿＿

　　内容：＿＿＿＿＿＿＿＿＿＿＿＿＿＿＿＿＿＿＿＿＿＿＿＿＿＿＿＿＿＿＿＿

＿＿＿＿＿＿＿＿＿＿＿＿＿＿＿＿＿＿＿＿＿＿＿＿＿＿＿＿＿＿＿＿＿＿＿＿＿＿

＿＿＿＿＿＿＿＿＿＿＿＿＿＿＿＿＿＿＿＿＿＿＿＿＿＿＿＿＿＿＿＿＿＿＿＿＿＿

项目监理单位(盖章)

总/专业监理工程师(签字)

年　月　日

填报说明：本表一式三份，项目监理单位、建设单位、承包单位各一份。

表 A4 监理报告

工程名称		编 号	
地　　点		日　期	

致：_____（主管部门）

　　由_____（承包单位）施工的_____（工程部位），存在安全事故隐患。我单位已于_____年___月___日发出编号为_____的《监理通知》/《工程暂停令》，但承包单位未整改/停工。

　　特此报告。

　　附件：1. 监理通知
　　　　　2. 工程暂停令
　　　　　3. 其他

项目监理单位(盖章)
总监理工程师(签字)

年　月　日

填报说明：本表一式四份，主管部门、建设单位、工程项目监理单位、项目监理单位各一份。

表 A5　工程暂停令

工程名称		编　号	
地　　点		日　期	

致：＿＿＿＿＿＿＿＿＿＿＿＿＿＿＿＿＿＿（施工项目经理部）
　　由于＿＿＿＿＿＿＿＿＿＿＿＿＿＿＿＿＿＿＿＿＿＿＿＿＿＿＿＿＿＿
＿＿＿＿＿＿＿＿＿＿＿＿＿＿＿＿＿＿＿＿＿＿原因，现通知你单位于＿＿＿＿年＿＿月＿＿
日＿＿时起，暂停＿＿＿＿＿＿部位(工序)施工，并按下述要求做好后续工作。
　　要求：

项目监理单位(盖章)
总监理工程师(签字、加盖执业印章)

年　　月　　日

填报说明：本表一式三份，项目监理单位、建设单位、承包单位各一份。

附表 A 项目监理单位用表

表 A6 旁站监理记录

工程名称： 　　　　　　　　　　　　　　　　　　　　　　　　　　编号：

旁站的关键部位、关键工序		承包单位	
旁站开始时间	年 月 日 时 分	旁站结束时间	年 月 日 时 分
旁站的关键部位、关键工序施工情况：			
发现的问题及处理情况：			

旁站监理人员（签字）

年　　月　　日

填报说明：本表一式一份，项目监理单位留存。

表 A7　工程复工令

工程名称		编　号	
地　　点		日　期	

致：＿＿＿＿＿＿＿＿＿＿＿＿＿＿＿＿＿＿（施工项目经理部）

　　我单位发出的编号为＿＿＿＿＿＿《工程暂停令》，要求暂停施工的＿＿＿＿＿＿部位(工序)，经查已具备复工条件。经建设单位同意，现通知你单位于＿＿＿＿＿年＿＿月＿＿日＿＿时起恢复施工。

　　附件：工程复工报审表

项目监理单位(盖章)

总监理工程师(签字、加盖执业印章)

年　　月　　日

填报说明：本表一式三份，项目监理单位、建设单位、承包单位各一份。

附表 A 项目监理单位用表

表 A8　工程款支付证书

工程名称		编　号	
地　点		日　期	

致：_____（建设单位）

根据施工合同约定，经审核编号为_____工程款支付报审表，扣除有关款项后，同意支付工程款共计（大写）_____（小写：_____）。

其中：

1. 承包单位申报款为_____。
2. 经审核承包单位应得款为_____。
3. 本期应扣款为_____。
4. 本期应付款为_____。

附件：1. 工程款支付报审表及附件
　　　2. 承包单位的工程付款申请表及附件

项目监理单位（盖章）
总监理工程师（签字、加盖执业印章）

年　月　日

填报说明：本表一式三份，项目监理单位、建设单位、承包单位各一份。

附表 B 承包单位用表

表 B1　施工组织设计/(专项)施工方案报审表
表 B2　开工报审表
表 B3　复工报审表
表 B4-1　分包单位资格报审表
表 B4-2　苗木/种子供应单位资质报审表
表 B4-3　肥料/药品供应单位资质报审表
表 B4-4　工程材料供应单位资质报审表
表 B5　施工控制测量放线成果报验表
表 B6-1　苗木报审表
表 B6-2　种子报审表
表 B6-3　肥料/药品报审表
表 B6-4　工程材料进场报审表
表 B7-1　整地报验表
表 B7-2　植苗报验表
表 B7-3　抚育/灌溉报验表
表 B7-4　防风倒支撑报验表
表 B7-5　补植报验表
表 B8　分部工程报验表
表 B9　监理通知回复单
表 B10　单位工程竣工验收报审表
表 B11　工程款支付申请表
表 B12　施工进度计划报审表
表 B13　费用索赔报审表
表 B14　工程临时/最终延期报审表
表 B15　通水试验记录

表 B1　施工组织设计/(专项)施工方案报审表

工程名称		编　号	
地　点		日　期	

致：_____(项目监理单位)
　　我单位已完成_____工程施工组织设计/(专项)施工方案的编制和审批，请予以审查。
　　附件：1. 施工组织设计
　　　　　2. 施工方案

施工项目经理部(盖章)
项目经理(签字)

年　月　日

审查意见：

专业监理工程师(签字)

年　月　日

审核意见：

项目监理单位(盖章)
总监理工程师(签字、加盖执业印章)

年　月　日

审批意见(仅对超过一定规模的危险性较大的分部分项工程专项施工方案)：

建设单位(盖章)
建设单位代表(签字)

年　月　日

填报说明：本表一式三份，项目监理单位、建设单位、承包单位各一份。

表 B2　开工报审表

工程名称		编　号	
地　点		日　期	

致：＿＿＿＿＿＿＿＿＿＿＿＿＿＿（建设单位）
　　＿＿＿＿＿＿＿＿＿＿＿＿＿＿（项目监理单位）
　我单位承担的＿＿＿＿＿＿＿＿＿＿＿＿＿＿工程，已完成相关准备工作，具备开工条件，申请于＿＿＿＿＿＿年＿＿＿月＿＿＿日开工，请予以审批。
　　附件：开工报告

施工项目经理部(盖章)
项目经理(签字)

年　　月　　日

审查意见：

项目监理单位(盖章)
总监理工程师(签字、加盖执业印章)

年　　月　　日

审批意见：

建设单位(盖章)
建设单位代表(签字)

年　　月　　日

填报说明：本表一式三份，项目监理单位、建设单位、承包单位各一份。

表 B3　复工报审表

工程名称		编　号	
地　点		日　期	

致：_____（项目监理单位）
　　编号为_____《工程暂停令》所停工的_____部位（工序）已满足复工条件，我单位申请于_____年___月___日复工，请予以审批。
　　附件：证明文件资料

施工项目经理部（盖章）
项目经理（签字）

年　月　日

审查意见：

项目监理单位（盖章）
总监理工程师（签字）

年　月　日

审批意见：

建设单位（盖章）
建设单位代表（签字）

年　月　日

填报说明：本表一式三份，项目监理单位、建设单位、承包单位各一份。

表 B4-1　分包单位资格报审表

工程名称		编　号	
地　点		日　期	

致：_____（项目监理单位）

　　经考察，我单位认为拟选择的_____（分包单位）具有承担下列工程的资质和能力，可以保证本工程按施工合同第_____条款的约定进行施工。请予以审查。

分包工程名称(部位)	分包工程量	分包工程合同额

附件：1. 分包单位资质材料
　　　2. 分包单位业绩材料
　　　3. 分包单位专职管理人员和特种作业人员的资格证书
　　　4. 承包单位对分包单位的管理制度

施工项目经理部(盖章)

项目经理(签字)

年　月　日

审查意见：

专业监理工程师(签字)

年　月　日

审查意见：

项目监理单位(盖章)

总监理工程师(签字)

年　月　日

填报说明：本表一式三份，项目监理单位、建设单位、承包单位各一份。

表 B4-2　苗木/种子供应单位资质报审表

工程名称		编　号	
地　点		日　期	

致：_____（项目监理单位）

　　根据工程要求，经我单位审查，_____可提供符合设计要求的苗木/种子，请予以审查批准。

　　附：苗木/种子供应单位的资质材料

名　称	苗木/种子供应单位	规格	数量	供货日期

苗木/种子采购单位(盖章)

负责人(签字)

年　月　日

审查意见：

专业监理工程师(签字)

年　月　日

审查意见：

项目监理单位(盖章)

总监理工程师(签字)

年　月　日

填报说明：本表一式三份，项目监理单位、建设单位、承包单位各一份。

表 B4-3　肥料/药品供应单位资质报审表

工程名称			编　号	
地　点			日　期	

致：＿＿＿＿＿＿＿＿＿＿＿＿＿＿＿＿＿＿（项目监理单位）：

　　根据工程要求，经我单位审查，＿＿＿＿＿＿＿＿＿＿＿＿＿＿＿＿＿＿＿＿可提供符合设计要求的肥料/药品，请予以审查批准。

　　附：肥料/药品供应单位的资质材料

名　称	肥料/药品供应单位	规格	数量	供货日期

肥料/药品采购单位(盖章)
负责人(签字)

年　月　日

审查意见：

专业监理工程师(签字)

年　月　日

审查意见：

项目监理单位(盖章)
总监理工程师(签字)

年　月　日

填报说明：本表一式三份，项目监理单位、建设单位、承包单位各一份。

表 B4-4 工程材料供应单位资质报审表

工程名称		编 号	
地　　点		日　期	

致：_____（项目监理单位）：
　　根据工程要求，经我单位审查，_____可提供符合设计要求的工程材料，请予以审查批准。
　　附：工程材料供应单位的资质材料

名　　称	工程材料供应单位	规格	数量	供货日期

工程材料采购单位(盖章)
负责人(签字)

年　月　日

审查意见：

专业监理工程师(签字)

年　月　日

审查意见：

项目监理单位(盖章)
总监理工程师(签字)

年　月　日

填报说明：本表一式三份，项目监理单位、建设单位、承包单位各一份。

表 B5 　施工控制测量放线成果报验表

工程名称		编　号	
地　　点		日　期	

致：_____（项目监理单位）：
　　我单位已完成_____的施工控制测量放线，经自验合格，请予以查验。

　　附：1. 自检报告
　　　　2. 测量放线成果表

施工项目经理部（盖章）
项目技术负责人（签字）

年　　月　　日

审查意见：

□合格　　　□纠错后重报

项目监理单位（盖章）
监理员（签字）

年　　月　　日

填报说明：本表一式三份，项目监理单位、建设单位、承包单位各一份。

附表 B 承包单位用表

表 B6-1 苗木报审表

工程名称		编 号	
地 点		日 期	

致：_____（项目监理单位）：
下列苗木符合技术规范设计要求，报请验证并准予进场使用：
1. 苗木出圃单
2. 苗木质量证明材料（苗木检验证书、苗木标签）
3. 苗木植物检疫证

苗木名称	供应单位	规格	数量

苗木采购单位（盖章）
负责人（签字）
年 月 日

审查意见：

施工项目经理部（盖章）
项目技术负责人（签字）
年 月 日

审查意见：

项目监理单位（盖章）
监理员（签字）
年 月 日

填报说明：本表由苗木采购单位填报，项目监理单位、承包单位各存一份。

表 B6-2　种子报审表

工程名称		编　号	
地　点		日　期	

致：_____（项目监理单位）：
下列种子材料经植物检疫，符合技术规范设计要求，报请验证并准予进场使用。
1. 植物检疫证书
2. 种子质量证明材料(种子等级、纯净度、发芽率)

种子名称	供应单位	等级	数量

种子采购单位(盖章)
负责人(签字)

年　月　日

审查意见：

施工项目经理部(盖章)
项目技术负责人(签字)

年　月　日

审查意见：

项目监理单位(盖章)
监理员(签字)

年　月　日

填报说明：本表由种子采购单位填报，项目监理单位、承包单位各存一份。

表 B6-3 肥料/药品报审表

工程名称		编 号	
地　点		日　期	

致：＿＿＿＿＿＿＿＿＿＿＿＿＿＿＿＿＿（项目监理单位）：
我单位按合同约定采购的肥料/药品符合技术规范设计要求，报请验证并准予进场使用：
附件：质量证明文件

名称	供应单位	规格	数量

肥料/药品采购单位（盖章）
负责人（签字）
年　月　日

审查意见：

施工项目经理部（盖章）
项目技术负责人（签字）
年　月　日

审查意见：

项目监理单位（盖章）
监理员（签字）
年　月　日

填报说明：本表由肥料/药品单位填报，项目监理单位、承包单位各存一份。

表 B6-4　工程材料进场报审表

工程名称		编　号	
地　点		日　期	

致：_____（项目监理单位）：
　　我单位按合同约定采购_____（工程材料）符合技术规范设计要求，报请验证并准予进场使用。
　　附件：质量证明文件

名称	供应单位	规格	数量

工程材料采购单位(盖章)

负责人(签字)

年　月　日

审查意见：

施工项目经理部(盖章)

项目技术负责人(签字)

年　月　日

审查意见：

项目监理单位(盖章)

监理员(签字)

年　月　日

填报说明：本表由工程材料单位填报，项目监理单位、承包单位各存一份。

附表 B 承包单位用表

表 B7-1 整地报验表

工程名称		编 号	
地 点		日 期	

致：_____（项目监理单位）：

我单位已完成了_____整地工作，经自检，其密度、植树坑的规格均符合设计要求，现报上该工程报验申请，请予以审查和验收。

附件：自检报告

施工项目经理部（盖章）
项目技术负责人（签字）

年　月　日

验收意见：

□合格　　　　□不合格

项目监理单位（盖章）
监理员（签字）

年　月　日

填报说明：本表一式二份，项目监理单位、承包单位各存一份。

表 B7-2　植苗报验表

工程名称		编　号	
地　　点		日　期	

致：＿＿＿＿＿＿＿＿＿＿＿＿＿＿＿＿＿＿＿＿（项目监理单位）：
　　我单位已完成了＿＿＿＿＿＿＿＿＿＿＿＿＿＿的植苗造林工作，经自检，其质量符合设计要求，现报上该工程报验申请，请予以审查和验收。
　　附件：自检报告

施工项目经理部（盖章）
项目技术负责人（签字）

年　　月　　日

验收意见：

　　　　　　　　　　□合格　　　　　　□不合格

项目监理单位（盖章）
监理员（签字）

年　　月　　日

填报说明：本表一式二份，项目监理单位、承包单位各存一份。

表 B7-3　抚育/灌溉报验表

工程名称		编　号	
地　点		日　期	

致：_____（项目监理单位）：

　　我单位已完成了_____抚育/灌溉工作，经自检，其质量符合设计要求，现报上该工程报验申请，请予以审查和验收。

　　附件：自检报告

施工项目经理部(盖章)

项目技术负责人(签字)

年　月　日

验收意见：

□合格　　　　□不合格

项目监理单位(盖章)

监理员(签字)

年　月　日

填报说明：本表一式二份，项目监理单位、承包单位各存一份。

表 B7-4　苗木防风倒支撑报验表

工程名称		编　号	
地　　点		日　期	

致：_____（项目监理单位）：
　　我单位已完成了_____的苗木防风倒支撑工作，经自检，其质量符合设计要求，现报上该工程报验申请，请予以审查和验收。
　　附件：自检报告

施工项目经理部（盖章）
项目技术负责人（签字）

年　　月　　日

验收意见：

□合格　　　　□不合格

项目监理单位（盖章）
监理员（签字）

年　　月　　日

填报说明：本表一式二份，项目监理单位、承包单位各存一份。

附表 B 承包单位用表

表 B7-5 补植报验表

工程名称		编　号	
地　点		日　期	

致：_____（项目监理单位）：
　　我单位已完成了___某标段(某年度造林)___的补植工作，经自检，其质量符合设计要求，现报上该工程报验申请，请予以审查和验收。
　　附件：自检报告

施工项目经理部(盖章)
项目技术负责人(签字)

年　月　日

审查意见：

　　　　　　　　　□合格　　　　　　□不合格

项目监理单位(盖章)
监理员(签字)

年　月　日

填报说明：本表一式二份，项目监理单位、承包单位各存一份。

表 B8　分部工程报验表

工程名称		编　号	
地　　点		日　期	

致：_____(项目监理单位)
　　我单位已完成_____(分部工程)，经自检合格，现将有关资料报上，请予以审查、验收。
　　附件：分部工程质量资料

施工项目经理部(盖章)

项目技术负责人(签字)

年　月　日

审查意见：

专业监理工程师(签字)

年　月　日

验收意见：

项目监理单位(盖章)

总监理工程师(签字)

年　月　日

填报说明：本表一式三份，项目监理单位、建设单位、承包单位各一份。

附表 B 承包单位用表

表 B9 监理通知回复单

工程名称		编　号	
地　点		日　期	

致：_____（项目监理单位）：
　　我单位接到编号为_____的监理通知后，已按要求完成相关工作，请予以复查。

　　附：需要说明的情况

施工项目经理部（盖章）
项目经理（签字）

年　月　日

复查意见：

项目监理单位（盖章）
总监理工程师/专业监理工程师（签字）

年　月　日

填报说明：本表一式三份，项目监理单位、建设单位、承包单位各一份。

表 B10 单位工程竣工验收报审表

工程名称		编　号	
地　点		日　期	

致：_____（项目监理单位）

　　我单位已按施工合同要求完成_____工程，经自检合格，现将有关资料报上，请予以验收。

　　附件：1. 工程竣工申请报告
　　　　　2. 造林成果汇总表
　　　　　3. 工程竣工示意图

承包单位(盖章)
项目经理(签字)

年　月　日

预验收意见：

　　经预验收，该工程合格/不合格，可以/不可以组织正式验收。

项目监理单位(盖章)
总监理工程师(签字、加盖执业印章)

年　月　日

填报说明：本表一式三份，项目监理单位、建设单位、承包单位各一份。

附表 B 承包单位用表

表 B11 工程款支付申请表

工程名称		编 号	
地 点		日 期	

致：_____（项目监理单位）：
　　我单位已完成_____工作，按施工合同约定，建设单位应在___年_月_日前支付该项目_____款共计（大写）_____（小写_____），现将有关资料报上，请予以审查。
　　附：1. 项目验收报告
　　　　2. 其他

施工项目经理部（盖章）

项目经理（签字）

年　月　日

审查意见：
1. 承包单位应得款为_____。
2. 本期应扣款为_____。
3. 本期应付款为_____。

专业监理工程师（签字）

年　月　日

审核意见：

项目监理单位（盖章）

总监理工程师（签字、加盖执业印章）

年　月　日

审批意见：

建设单位（盖章）

建设单位代表（签字）

年　月　日

填报说明：本表一式三份，项目监理单位、建设单位、承包单位各一份；工程结算报审时本表一式四份，项目监理单位、建设单位各一份、承包单位二份。

表 B12　施工进度计划报审表

工程名称		编　号	
地　点		日　期	

致：_____（项目监理单位）：
　　根据施工合同约定，我单位已完成_____工程施工进度计划的编制和批准，请予以审查。
　　附件：1. 施工总进度计划
　　　　　2. 阶段性进度计划

施工项目经理部（盖章）
项目经理（签字）

年　月　日

审查意见：

专业监理工程师（签字）

年　月　日

审查意见：

项目监理单位（盖章）
总监理工程师（签字）

年　月　日

填报说明：本表一式三份，项目监理单位、建设单位、承包单位各一份。

表 B13 费用索赔报审表

工程名称		编 号	
地 点		日 期	

致：_____（项目监理单位）：
　　根据施工合同_____条款，由于_____的原因，我单位申请索赔金额（大写）_____，请予批准。
　　索赔理由：_____

_____

　　附件：1. 索赔金额计算
　　　　　2. 证明材料

施工项目经理部（盖章）
项目经理（签字）

年　月　日

审核意见：
　　□不同意此项索赔。
　　□同意此项索赔，索赔金额为（大写）_____。
　　同意/不同意索赔的理由：_____

_____

　　附件：索赔金额计算

项目监理单位（盖章）
总监理工程师（签字、加盖执业印章）

年　月　日

审批意见：

建设单位（盖章）
建设单位代表（签字）

年　月　日

填报说明：本表一式三份，项目监理单位、建设单位、承包单位各一份。

表 B14　工程临时/最终延期报审表

工程名称		编　号	
地　点		日　期	

致：_____（项目监理单位）：
　　根据施工合同_____（条款），由于_____原因，我单位申请工程临时/最终延期_____（日历天），请予批准。
　　附件：1. 工程延期依据及工期计算
　　　　　2. 证明材料

施工项目经理部(盖章)
项目经理(签字)

年　月　日

审核意见：
　　□同意工程临时/最终延期_____（日历天）。工程竣工日期从施工合同约定的_____年___月___日延迟到_____年___月___日。
　　□不同意延期，请按约定竣工日期组织施工。

项目监理单位(盖章)
总监理工程师(签字、加盖执业印章)

年　月　日

审批意见：

建设单位(盖章)
建设单位代表(签字)

年　月　日

填报说明：本表一式三份，项目监理单位、建设单位、承包单位各一份。

表 B15 通水试验记录

工程名称		试验日期	
试验项目		试验部位	
通水压力(MPa)		通水流量(m^3/h)	

试验系统简述：

试验记录：

试验结论：

签字栏	建设(监理)单位	承包单位		
		专业技术负责人	专业质检员	专业工长

填报说明：本表由承包单位填写，承包单位、项目监理单位各存一份。

附表 C 通用表格

表 C1　监理工作联系单
表 C2　工程变更单
表 C3　索赔意向通知书

附表C 通用表格

表 C1 监理工作联系单

工程名称		编　号	
地　　点		日　期	

致：

发出单位(盖章)
负责人(签字)

年　月　日

表 C2　工程变更单

工程名称		编　号	
地　　点		日　期	

致：_____

由于_____原因，兹提出_____

_____工程变更，请予以审批。

附件：
1. 变更内容
2. 变更设计图
3. 相关会议纪要
4. 其他

变更提出单位(盖章)
负责人(签字)
年　月　日

工程数量增/减	
费用增/减	
工期变化	

施工项目经理部(盖章) 项目经理(签字)	设计单位(盖章) 设计负责人(签字)
项目监理单位(盖章) 总监理工程师(签字)	建设单位(盖章) 负责人(签字)

填报说明：本表一式四份，建设单位、项目监理单位、设计单位、承包单位各存一份。

表 C3　索赔意向通知书

工程名称		编　号	
地　　点		日　期	

致：_____

　　根据《建设工程施工合同》_____（条款）约定，由于发生了_____事件，且该事件的发生非我单位原因所致。为此，我单位向_____（单位）提出索赔要求。

　　附件：索赔事件资料

提出单位(盖章)

负责人(签字)

年　　月　　日